高等职业教育电子技术专业项目教学贯通制教材

电气工程制图

丛书主编　吴建宁

主　　编　朱文继

副主编　陈　炜　邵宏文　王　部

参　　编　杨　锋　杨　铭
　　　　　王　斌　张华军

电子工业出版社

Publishing House of Electronics Industry

北京·BEIJING

内 容 简 介

本教材为高等职业教育电子技术专业项目教学贯通制系列教材之一。本教材引入了最新的产品设计理念，即从设计思想到三维表达的设计过程；同时，在文字阐述上力求通俗易懂；对工程制图的概念、理论和方法等做了较详尽的介绍。

本教材在内容结构上有所创新。书中主要内容包括制图的基本知识、投影制图的基本原理、AutoCAD 2006 的使用方法与绘图技巧、电子电气工程 CAD 制图的基本规定、电气工程图的基本概念和电气工程图的绘制方法等，在各项目中均结合了 CAD 绘图的基本知识，以便使学生既能掌握手工绘图的方法，又能利用现代化的绘图手段，高质高效地绘制工程图。

本教材适合作为高等职业院校应用电子技术、楼宇智能化、电气自动控制等专业学生的教学用书，也可作为职业教育培训教材。

本教材还配有电子教学参考资料包（包括教学指南、电子教案及习题答案），详见前言。

图书在版编目（CIP）数据

电气工程制图/朱文继主编. —北京：电子工业出版社，2009. 1
高等职业教育电子技术专业项目教学贯通制教材
ISBN 978-7-121-07645-9

Ⅰ. 电…　Ⅱ. 朱…　Ⅲ. 电气工程—工程制图—高等学校：技术学校—教材　Ⅳ. TM02

中国版本图书馆 CIP 数据核字（2008）第 167723 号

策划编辑：李光昊
责任编辑：沈德雨
印　　刷：北京虎彩文化传播有限公司
装　　订：北京虎彩文化传播有限公司
出版发行：电子工业出版社
　　　　　北京市海淀区万寿路 173 信箱　邮编 100036
开　　本：787×1 092　1/16　印张：16.25　字数：410 千字
版　　次：2009 年 1 月第 1 版
印　　次：2018 年 9 月第 10 次印刷
定　　价：32.00 元

前言

　　本书使用 AutoCAD 作为绘图工具对电子电气工程制图进行了介绍。作为《工程制图》的实用版本，本书遵从了大多数制图技术的通用规范，并提供了许多便于绘图和练习的素材，同时还侧重于绘制精确清晰的图样。书中大多数章节涉及基础知识问题，这些问题因内容的差异而不同，而且是开放的，即存在多种正确的解决方案。这将有助于激发学生的创造力，并增强他们解决问题的能力。

　　学习范畴一包括一至六个项目，主要介绍绘图的基础知识和绘图的基本技能。学习范畴一——项目一介绍徒手绘图的方法和绘图的标准，简单地说，在技术制图中草图仍占有十分重要的地位，因为许多设计思路都是首先徒手绘制草图，然后再到计算机上进行整理；本项目还给出了大量涉及不同观察方向的立体图习题。项目二至项目五介绍正交投影视图和如何绘制三视图，所讨论的内容包括投影理论、隐藏线、倾斜表面、圆角面、孔、不规则表面、铸件和薄壁零件；最后以若干综合性习题作为结束。这些内容将正交投影视图和投影理论有机地联系起来。项目六介绍剖视图和图案填充命令，它包括剖视图、断裂剖视图、局部剖视图和如何绘制中空圆柱体的 S 形断面等。

　　学习范畴二——项目七和项目八基于目前应用较广且版本较新的 Auto CAD2006 介绍了如何用 AutoCAD 绘图和修改工具栏，以及如何设置和启动绘图命令（内容包括辅助视图）；如何运用"捕捉"命令的"旋转"选项绘制斜面方向的直线；如何标注二维图形和正交视图；一些常用的标注命令和相关命令；如何使用"标注样式"工具，该命令用来创建符合要求的标注样式。项目九主要介绍了电子电路图基本符号的绘制、控制电器基本符号的绘制和建筑电气工程图的绘制。

　　本书从简单的直线命令开始，逐渐过渡到几何图形的绘制，以帮助学生提高绘图的准确度，并正确使用绘图工具。当使用 AutoCAD 绘图时，也能获得同样的学习经验。反复绘制典型的几何图形有助于学生学会如何正确地、创造性地使用 Draw（绘图）和 Modify（修改）工具栏及其他相关命令。

　　本教材定位于加强学生综合素质与创新能力的培养，体现现代高科技对设计与绘图的影响，将现代设计方法与内容融入传统的教学之中，力求在不增加学生负担的前提下，充分利用教学资源，最大限度地调动学生的主动性和积极性。

　　本书可作为高等职业学校电工电子类专业的计算机辅助工程制图课程教材，也可作为自学教材。全书由朱文继主编、邵宏文统稿，"学习范畴一"由陈炜编写，杨锋、杨铭参与编写；"学习范畴二"由朱文继、王部编写，王斌、张华军参与编写。本教材由吴建宁主审。

　　由于编者水平所限，在教材内容和结构上难免有不当之处，敬请读者批评指正。

为了方便教师教学，本教材还配有教学指南、电子教案及习题答案（电子版），请有此需要的教师登录华信教育资源网（http：//www. huaxin. edu. cn 或 http：//www. hxedu. com. cn）免费注册后再进行下载，有问题时请在网站留言板留言或与电子工业出版社联系（E-mail：hxedu@ phei. com. cn）。

编　者

目 录

学习范畴二　计算机辅助设计与绘图

学习范畴一　制图基本知识

项目一　制图的基本知识

任务一　画带柱体底座的两视图

☞ 学一学1　绘图工具和绘图方法

图1-1是带柱体底座的主视图和俯视图，它们是使用绘图工具分别用各种图线画出的。首先介绍绘图工具及其使用方法。

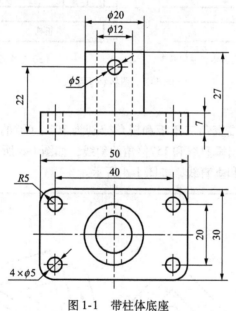

图1-1　带柱体底座

1. 绘图工具及其使用方法

（1）图板和丁字尺

图板是绘图时用来摆放和固定图纸的矩形木板。图板按幅面的大小分为A0号、A1号、A2号、A3号四种。绘图时用胶带将图纸固定在图板上，如图1-2（a）所示。

丁字尺是配合图板使用来画水平线的长尺，由互相垂直的尺头和尺身两部分组成，如图1-2（a）所示。

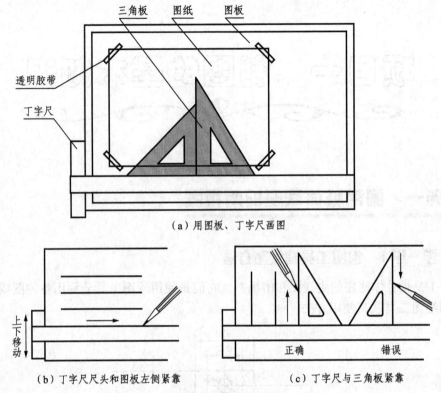

（a）用图板、丁字尺画图

（b）丁字尺尺头和图板左侧紧靠　　　　（c）丁字尺与三角板紧靠

图 1-2　图板和丁字尺

（2）三角板

每副三角板由一块等腰直角三角板和锐角分别为 30°、60° 的直角三角板组成。三角板和丁字尺配合使用，可画出垂直线和 15° 倍角的斜线，如图 1-3 所示。两块三角板配合使用，可画出已知直线的平行线和垂直线，如图 1-4 所示。

图 1-3　三角板和丁字尺配合使用画线

（3）比例尺和曲线板

比例尺是具有一定比例刻度的直尺，通常为三棱柱形（简称三棱尺）。在尺的三个棱面上分别刻有 6 种不同比例的刻度，作图时，尺寸数值可按相应比例直接从尺上量取，如图 1-5 所示。

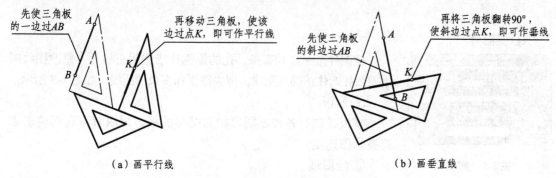

（a）画平行线   （b）画垂直线

图 1-4 两块三角板配合使用画线

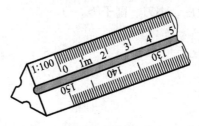

图 1-5 比例尺

曲线板是画非圆曲线的工具。作图时按曲线的曲率变化情况分段选取与曲线板相吻合的部分，逐段光滑连接，画出曲线，如图 1-6 所示。

图 1-6 曲线板

（4）圆规、分规

圆规是画圆和圆弧的工具。分规是等分线段及量取尺寸的工具。

（5）绘图铅笔

绘图铅笔的铅芯有软硬之分。"B"表示铅笔软度，号数越大表示铅芯越软，"H"表示铅笔硬度，号数越大表示铅芯越硬。"HB"的铅芯软硬程度适中。铅笔应从没有铅笔标号的一端开始削磨使用，以便保留标号，供不同用途时选用。铅笔的削磨形状如图 1-7 所示。

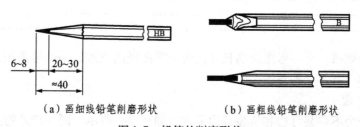

（a）画细线铅笔削磨形状   （b）画粗线铅笔削磨形状

图 1-7 铅笔的削磨形状

（6）其他工具

① 擦图片

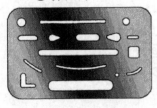

擦图片是一片开有条、孔的薄钢片或透明有机片，修改图线时用擦图片遮住正确的图线，擦去错误和多余的图线。如图1-8所示。

② 模板

模板是制有各种不同形状和符号的板，画图时可利用模板来提高画图速度。

图1-8 擦图片　　　　　③ 绘图纸

绘图纸是绘图的专用纸张，用橡皮擦拭不易起毛的一面为正面。绘图时必须用图纸的正面。绘图用品还有胶带纸、橡皮、小刀、刷子等。

2. 绘图方法

（1）画底稿的一般步骤

① 画出图框线和标题栏。

② 画出图形线。

首先考虑图形的大小及标注尺寸所需要的位置，然后合理、均匀地布图。先画基准线、对称中心线或轴线等，再画主要轮廓线，最后画细节部分。

③ 画尺寸界限及尺寸线。

④ 检查，完成底稿。

（2）加深底稿的一般步骤

① 先粗后细、先虚后实；

② 先曲后直、先水平后垂直；

③ 加深底图顺序为自上而下，从左至右；

④ 标注尺寸，填写技术要求，最后填写标题栏内容。

☞ 学一学2　基本制图标准

1. 图纸幅面及格式（GB/T 14689—1993）

（1）图纸幅面

图纸幅面的大小为 A0、A1、A2、A3、A4 共五种，如表1-1所示。

表1-1　基本幅面的图框尺寸

幅面代号	A0	A1	A2	A3	A4
$B \times L$	841×1 189	594×841	420×594	297×420	210×297
e	20			10	
c	10			5	
a	25				

图纸幅面的规律：小一号图纸的长度是大一号图纸的宽度，小一号图纸的宽度为大一号图纸长度的一半（除不尽取整）。

（2）图框格式

图框格式分为不留装订边和留装订边两种，如图1-9所示。同一产品的图样只能采用一种格式。

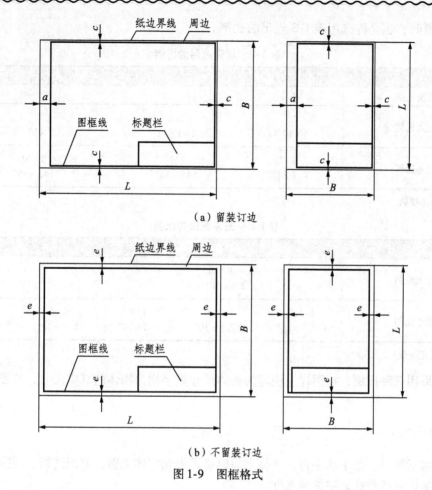

（a）留装订边

（b）不留装订边

图1-9 图框格式

（3）标题栏

每张图纸中均应有标题栏。标题栏一般位于图框的右下角。推荐学生用标题栏，如图1-10所示。

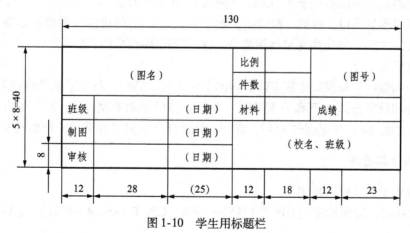

图1-10 学生用标题栏

2. 比例

图样中图形与其实物相应要素的线性尺寸之比称为比例。绘图时优先选用表1-2规定的比例，必要时，也允许选用表 1-3 规定的比例。

表 1-2　优先选用的比例

种　类	比　例		
原值比例	1:1		
放大比例	5:1 $5 \times 10^n:1$	2:1 $2 \times 10^n:1$	$1 \times 10^n:1$
缩小比例	1:2 $1:2 \times 10^n$	1:5 $1:5 \times 10^n$	1:10 $1:1 \times 10^n$

注：n 为正整数

表 1-3　允许选用的比例

种　类	比　例				
放大比例	4:1 $4 \times 10^n:1$	2.5:1 $2.5 \times 10^n:1$			
缩小比例	1:1.5 $1:1.5 \times 10^n$	1:2.5 $1:2.5 \times 10^n$	1:3 $1:3 \times 10^n$	1:4 $1:4 \times 10^n$	1:6 $1:6 \times 10^n$

注：n 为正整数

　　不论采用何种比例，在图样上注写的物体尺寸数字均为物体的真实尺寸，与图形的比例无关。

3. 字体

　　字体包括汉字、数字和字母，字体书写时必须做到字体工整、笔画清晰、间隔均匀、排列整齐。字体的号数代表字体的高度。

　　（1）汉字

　　① 图样中的汉字应写成长仿宋体字。

　　② 汉字的高度 h 应不小于 3.5mm，其字宽一般为 $h/\sqrt{2}$。

　　③ 书写时尽量满格，带撇、捺的字，如"厂"、"广"等应注意要稍稍出格，带方框的字，如"国"、"围"等应注意要稍稍缩格，这样写出的字体才好看。

　　（2）数字和字母

　　① 字母和数字可写成斜体或直体。斜体字字头向右倾斜，与水平基准线成75°。

　　② 字母和数字分为 A 型和 B 型两种。A 型字体的笔画宽度（d）为字高的1/14，B 型字体的笔画宽度（d）为字高的1/10。在同一张图样上，只允许选用一种形式的字体。

4. 图线及其画法

　　（1）图线形式及应用举例

　　绘制图样时，应按国标（GB/T 17450—1998、GB/T 4457.4—2002）表 1-4 中规定的图线。

表1-4 图线及应用

图线名称	图线形式	代 号	图线宽度（mm）	图线主要应用举例
细实线		01.1	$d/2$	尺寸线和尺寸界线 剖面线 指引线和基准线 重合断面的轮廓线 过渡线
细波浪线		01.1	$d/2$	断裂处的边界线 视图和剖视图的分界线
细双折线		01.1	$d/2$	同波浪线
粗实线		01.2	d	可见轮廓线 相贯线
细虚线	≈4 ≈1	02.1	$d/2$	不可见轮廓线
粗点画线	≈20 ≈3	04.1	d	限定范围表示线
细点画线	≈20 ≈3	04.2	$d/2$	轴线 对称中心线
细双点画线	≈5 ≈15	05.1	$d/2$	相邻辅助零件的轮廓线 可动零件极限位置的轮廓线 中断线 轨迹线

（2）图线的画法

① 图线的种类。

机械图样中的图线分为粗线和细线两种。粗线宽度（d）应根据图形的大小和复杂程度在 0.5～2mm 之间选择，细线的宽度约为 $d/2$。图线宽度的推荐系列为：0.13，0.18，0.25，0.35，0.5，0.7，1，1.4，2mm。实际画图中，粗线一般取 0.7mm 或 0.5mm。

② 图线的应用细则（见图1-11）

a. 同一图样中，同类图线的宽度应基本一致。

b. 虚线、点画线及双点画线的线段长度和间隔应各自大小相等。

c. 两条平行线（包括剖面线）之间的距离应不小于粗实线宽度的两倍，其最小距离不小于0.7mm。

d. 点画线、双点画线的首尾应是线段而不是点；点画线彼此相交时应该是线段相交；中心线应超过轮廓线2～3mm。

e. 虚线与虚线、虚线与粗实线相交应是线段相交；当虚线处于粗实线的延长线上时，粗实线应画到位，而虚线相连处应留有空隙。

③ 图线相交处的画法（见图1-11）。

a. 圆心应是两点画线线段的交点。

b. 虚线与虚线、点画线、粗实线相交处不应有间隙。

c. 虚线为粗实线的延长线时应留间隙。

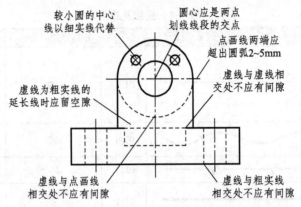

图 1-11　图线的画法

5. 尺寸标注

（1）尺寸标注的基本规则

① 物体的真实大小应以图样上所标注的尺寸数值为依据，与图形的大小及绘图的精确度无关。

② 图样中的尺寸以毫米为单位时，无须标注"毫米"或"mm"。若采用其他单位，则必须注明相应的计量单位的代号和名称。

③ 图样中所标注的尺寸，为完工后的最后尺寸。

④ 物体的每个尺寸，一般只标注一次，并应标注在反映该结构最清晰的图形上。

（2）尺寸标注的四要素

尺寸标注的四要素为尺寸线、尺寸界限、箭头和尺寸数字。尺寸标注示例如图 1-12 所示。

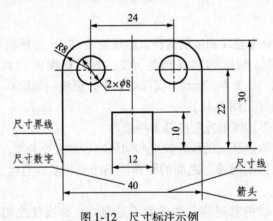

图 1-12　尺寸标注示例

① 尺寸界线

尺寸界线用细实线绘制，自图形的轮廓线、轴线或中心线处引出，也可用图形的轮廓线、轴线或中心线作尺寸界线。尺寸界线一般超出尺寸线 2～3mm。

② 尺寸线

尺寸线用细实线绘制，一般不得与其他图线重合或画在其延长线上。尺寸线必须与所标注的线段平行。

③ 箭头

尺寸线始迄端一般用箭头表示。箭头尖端与尺寸界线接触，不得超出也不得分开。

④ 尺寸数字

表示物体尺寸的实际大小。尺寸数字一般应标注在尺寸线的上方。

（3）常见尺寸标注示例

① 直线尺寸的标注

a. 当尺寸为水平方向时，尺寸数字注写在尺寸线的上方（见图 1-12 的尺寸 24、12、40），当尺寸为垂直方向时，尺寸数字注写在尺寸线的左方（见图 1-12 的尺寸 22、30）。

b. 串列尺寸，箭头对齐（如图 1-13 尺寸标注正误比较 1 所示）。

c. 并列尺寸，小尺寸在内，大尺寸在外（如图 1-14 尺寸标注正误比较 2 所示）。

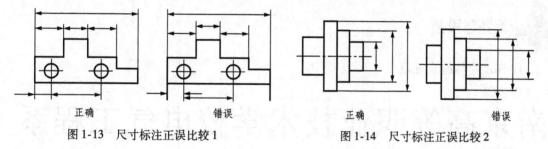

图 1-13　尺寸标注正误比较 1　　　　图 1-14　尺寸标注正误比较 2

② 圆和圆弧及球面的尺寸注法

标注直径时，应在尺寸数字前加注符号"ϕ"，标注半径时，应在尺寸数字前加注"R"，标注球面直径或半径时，应在直径或半径符号前加注符号"S"。如图 1-15 所示。

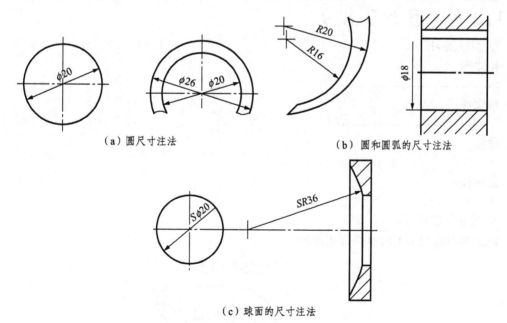

（a）圆尺寸注法　　　　　　（b）圆和圆弧的尺寸注法

（c）球面的尺寸注法

图 1-15　圆和圆弧及球面的尺寸注法

③ 角度尺寸标注

尺寸界线应沿径向引出，尺寸线画成圆弧，圆心是角的顶点，尺寸数字应一律水平书写，一般注在尺寸线的中断处，必要时也可写在外面或引出标注，如图 1-16 角度尺寸的尺寸注法所示。

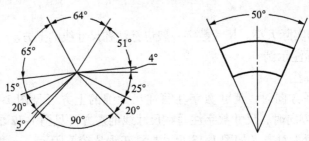

图 1-16　角度尺寸的尺寸注法

习题与思考

1. 制图字体综合练习。

10 号字：

南京高等职业技术学校电气工程系

7 号字：

楼宇自动化电子技术应用电气工程专业

数字：

0 1 2 3 4 5 6 7 8 9

2. 图线练习。

粗实线：

_____

细实线：

_____

虚线：

- - - - - - - - - - - -

点画线：

— · — · — · — · — · —

3. 尺寸标注练习。

标注如习题图 1-1 所示平面图形的尺寸。

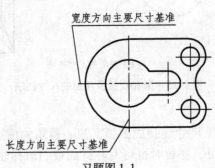

习题图 1-1

4. 线型综合练习。

绘制如习题图 1-2 所示的图形。

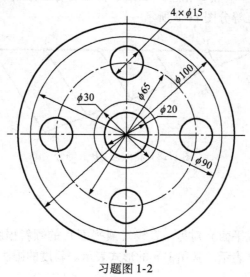

习题图 1-2

任务二　画手柄平面轮廓图

☞ 学一学　常用几何图形的画法

物体的轮廓形状是多种多样的，但在技术图样中，表达它们结构形状的图形大都是由直线和圆所组成的平面几何图形，因而在绘制图样时要熟练运用一些基本的几何作图方法。

图 1-17 示出了手柄平面轮廓图。

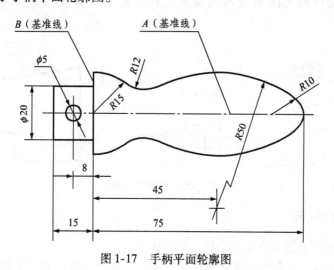

图 1-17　手柄平面轮廓图

1. 任意等分线段

将线段 AB 任意等分（如五等分）。

A ————————————————————— B

从线段 *AB* 的任意一端点处，如 *A* 作一任意斜线 *AC*，长度和方向任意，将 *AC* 五等分，把第五等分点与 *AB* 的另一端点 *B* 相连，得 *B5*，分别自各等分点作 *B5* 的平行线，即将线段 *AB* 五等分，如线段 *AB* 五等分图 1-18 所示。

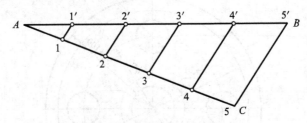

图 1-18　将线段 *AB* 五等分

2. 斜度和锥度

（1）斜度

斜度是指一直线（或平面）对另一直线（或平面）的倾斜程度，其大小用两直线（或平面）间夹角的正切值来表示。常用 $1:n$ 的形式表示。斜度的画法如图 1-19 所示。

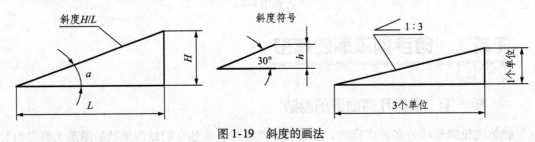

图 1-19　斜度的画法

（2）锥度

锥度是指正圆锥的底圆直径与其高度之比，常用 $1:n$ 的形式表示。锥度的画法如图 1-20 所示。

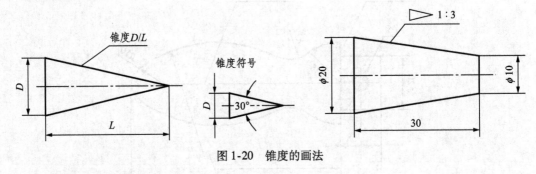

图 1-20　锥度的画法

3. 正多边形的画法

（1）三、六等分圆周和作正三边形、正六边形

用圆规和三角板三、六等分圆周和作正三边形、正六边形，如图 1-21 所示。

（2）五等分圆周和作圆内接正五边形（见图 1-22）

① 二等分半径 *OB*，得中点 *N*。

② 以 *N* 点为圆心，*N1* 为半径画圆弧，交水平中心线于 *M* 点。

③ 以 *1M* 为边长在圆周连续截取，即得五个等分点，依次连接各等分点，可得到正五边形。

 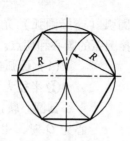 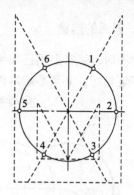

（a）用外接圆半径R三等分圆周　　（b）用外接圆半径R六等分圆周　　（c）用三角板六等分圆周

图1-21　三、六等分圆周和作正三边形、正六边形

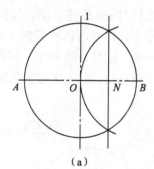 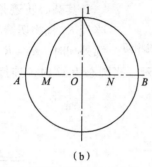 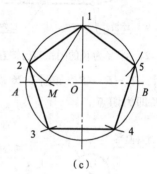

（a）　　　　　　　　　（b）　　　　　　　　　（c）

图1-22　五等分圆周和作圆内接正五边形

（3）任意等分圆周和作圆的内接正多边形（见图1-23）

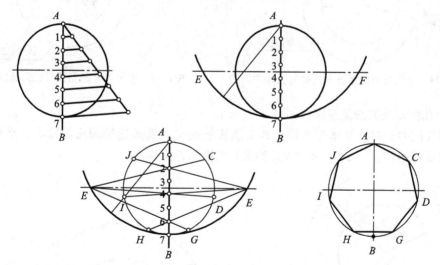

图1-23　七等分圆周和作圆内接正七边形

作图步骤：

① 把直径 AB 分为七等份，得等分点1、2、3、4、5、6、7；

② 以点 A 为圆心，AB 长为半径作圆弧，交水平直径的延长线于 E、F 两点；

③ 从 E、F 两点分别向各偶数点（2、4、6）连线并延长相交于圆周上的 C、D、G、H、I、J 点，依次连接 A、C、D、G、H、I、J、A 各点即得所作的正七边形。

4. 圆弧的连接

绘图时，经常要用已知半径的圆弧（连接圆弧）光滑连接（相切）已知直线或圆弧。为了保证相切，必须准确地作出连接圆弧的圆心和切点。

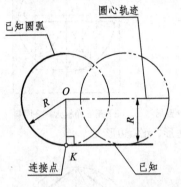

（1）圆弧连接作图的关系如下

① 半径为 R 的圆弧与已知直线相切。

其圆心轨迹是距离直线为 R 的平行线，当圆心为 O 时，由 O 向直线作垂线，垂足 K 即为切点，如图 1-24 所示。

② 半径为 R 的圆弧与已知圆弧（圆心为 O_1，半径为 R_1）相切。

其圆心轨迹是已知圆弧的同心圆，该同心圆半径 R_2 视相切情况（外切或内切）而定。当两圆弧外切时，$R_2 = R_1 + R$，如图 1-25 所示；当两圆

图 1-24　半径为 R 的圆弧与已知直线相切

弧内切时，$R_2 = R_1 - R$，如图 1-26 所示。当圆心为 O 时，连接圆心的直线 O_1O 与已知圆弧的交点 K 即为切点。

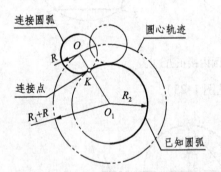

图 1-25　半径为 R 的圆弧与已知圆弧外切

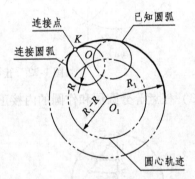

图 1-26　半径为 R 的圆弧与已知圆弧内切

（2）几种常见的圆弧连接作图

实际作图时，根据具体要求作出两条轨迹线的交点就是连接圆弧的圆心，然后确定切点，完成圆弧连接。图 1-27 所示为几种常见的圆弧连接作图。

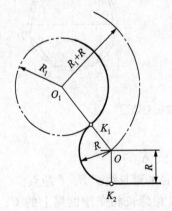

（a）已知圆弧与已知直线连接

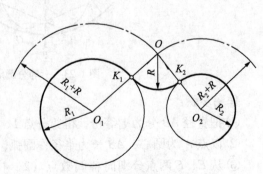

（b）已知圆弧的外连接

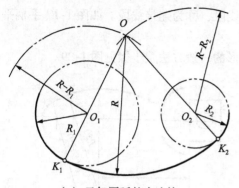

（c）已知圆弧的内连接　　　　　　　（d）已知圆弧的内、外连接

图 1-27　几种常见的圆弧连接

5. 椭圆的画法

现在介绍在已知长、短轴的条件下，采用四心法近似画椭圆。作图步骤如图 1-28 所示，椭圆的长轴为 AB，短轴为 CD。

作图步骤如下：

（1）连接 A、C，以 O 为圆心、OA 为半径画弧，与 CD 的延长线交于点 E，以 C 为圆心、CE 为半径画弧，与 AC 交于点 E_1。

（2）作 AE_1 的垂直平分线，与长短轴分别交于点 O_1、O_2，再作对称点 O_3、O_4；O_1、O_2、O_3、O_4 即为四段圆弧的圆心。

（3）分别作圆心连线 O_1O_4、O_2O_3、O_3O_4 并延长。

（4）分别以 O_1、O_3 为圆心，O_1A 或 O_3B 为半径画小圆弧 K_1AK 和 NBN_1，分别以 O_2、O_4 为圆心，O_2C 或 O_4D 为半径画大圆弧 KCN 和 N_1DK_1（切点 K、K_1、N_1、N 分别位于相应的圆心连线上），即完成近似椭圆的作图。

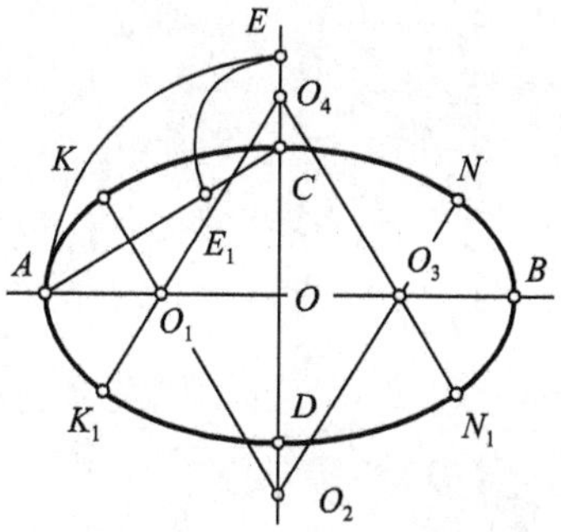

图 1-28　四心法近似画椭圆

6. 平面图形的画法

图 1-17 为手柄平面轮廓图。在绘制平面图形时，应对所画图形进行尺寸分析和线段分析。

（1）尺寸分析

平面图形中的尺寸分为定形尺寸和定位尺寸两类。

① 定形尺寸　确定平面图形中各组成部分形状大小的尺寸称为定形尺寸。如图 1-17 手柄平面轮廓图中的 $R15$、$R12$、$R50$、$R10$ 等均为定形尺寸。

② 定位尺寸　确定平面图形中各部分之间或各部分与基准之间相对位置的尺寸称为定位尺寸。如图 1-17 手柄平面轮廓图中的 8、45、75 等均为定位尺寸。

（2）线段分析

平面图形中的线段（直线或圆弧），按所具有的尺寸数量及完整性分为如下三类。

① 已知线段　具有定形尺寸和两个方向定位尺寸的线段，称为已知线段。如图 1-17 手柄平面轮廓图中的 $R10$、$R15$、$\phi5$、$\phi20$ 等圆弧均属于已知线段，作图时可直接画出。

② 中间线段　只有定形尺寸和一个方向定位尺寸的线段，称为中间线段。如图 1-17 手柄平面轮廓图中的 $R50$ 圆弧属中间线段。

③ 连接线段　只有定形尺寸没有定位尺寸的线段，称为连接线段。如图 1-17 手柄平面轮廓图中的 R12 圆弧属连接线段。

以图 1-17 手柄平面轮廓图为例，绘制平面图形的一般方法及步骤见图 1-29。

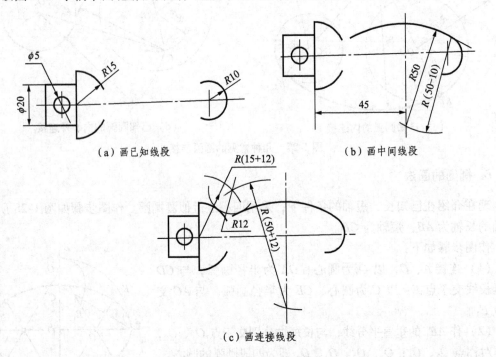

（a）画已知线段　　　　　　　　　　（b）画中间线段

（c）画连接线段

图 1-29　手柄平面轮廓图作图步骤

 习题与思考

1. 等分线段（将线段 AB 五等分）。

A ——————————— B

2. 作圆内接正六边形。

3. 作圆内接正五边形。

4. 画椭圆。

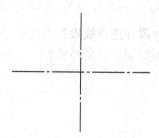

5. 完成如习题图 1-3（a）所示图形的圆弧内外连接。

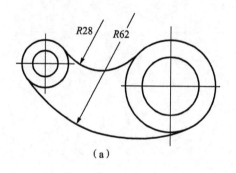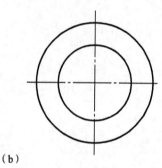

（a）　　　　　　　　　　　　　　　　（b）

习题图 1-3

6. 画五角星（见习题图 1-4）。

习题图 1-4

7. 绘制习题图 1-5 所示的平面图形。

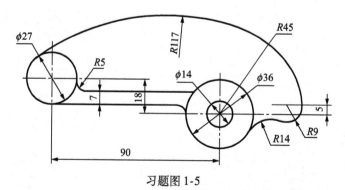

习题图 1-5

8. 用"四心法"画椭圆的方法和步骤。

9. 平面图形的尺寸有几种?

10. 什么是已知线段、中间线段和连接线段?

11. 手柄平面轮廓图用到哪些知识? 五角星呢?

项目二 作立体的投影

任务一 画踏步的三视图

如图 2-1（a）所示的"踏步"的三视图是如何画出的呢？是用投影的方法。

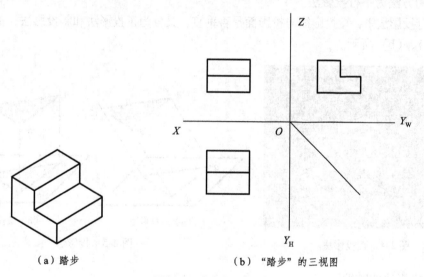

（a）踏步　　　　　　　　　（b）"踏步"的三视图

图 2-1　踏步的三视图

☞ 学一学　投影法作图基础

1. 正投影法作图基础

（1）投影法的基本概念

① 投影的概念

光线照射物体，将在墙面或地面上产生影子，这种现象叫投影。在预设的投影面上绘制出物体投影图形的方法，叫投影法。投影应具备三个要素：投影线、物体和投影面。

② 投影法的分类

投影法分为中心投影法和平行投影法两种。

a. 中心投影法　投影线从一有限远点射出，在投影面上作出投影的方法称为中心投影法。如图 2-2 中心投影法 1 和图 2-3 中心投影法 2 所示。

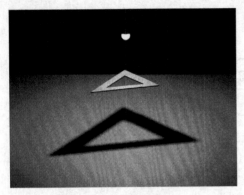

图2-2 中心投影法1

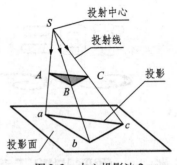

图2-3 中心投影法2

b. 平行投影法 若把光源 S 移到无穷远处,则所有投射线都互相平行,称这种投射线互相平行的方法为平行投影法。

在平行投影法中,按投影线与投影面是否垂直,又分为正投影法和斜投影法,如图2-4和图2-5(a)、(b)所示。

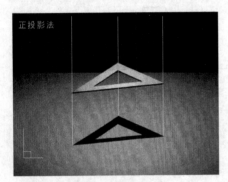

图2-4 正投影法

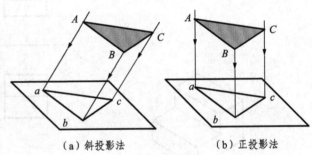

(a)斜投影法　　　　　　(b)正投影法

图2-5 投影法

③ 正投影法的特性

a. 真实性

当直线(或平面)平行于投影面时,其投影反映实长(或实形),这种投影特性称为真实性,如图2-6(a)所示。

b. 积聚性

当直线(或平面)垂直于投影面时,其投影积聚成点(或直线),这种投影特性称为积聚性,如图2-6(b)所示。

c. 类似性

当直线或平面既不平行也不垂直于投影面时,直线的投影仍然是直线,但长度缩短,平面的投影是原图形的类似形(与原图形边数相同,平行线段的投影仍然平行),但投影面积变小,这种投影特性称为类似性,如图2-6(c)所示。

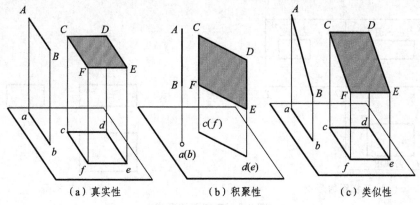

（a）真实性　　　　（b）积聚性　　　　（c）类似性

图 2-6　正投影法的特性

2. 三视图的形成及其对应关系

（1）三投影面体系的建立

由三个互相垂直的投影面所构成。

① 正立投影面，简称正面，用 V 表示；

② 水平投影面，简称水平面，用 H 表示；

③ 侧立投影面，简称侧面，用 W 表示。

两投影面的交线称为投影轴。分别用 OX、OY、OZ 表示，如图 2-7 三投影面体系所示。

（2）三视图的形成

① 主视图：由前向后投影，在 V 面上所得到的视图。

② 俯视图：由上向下投影，在 H 面上所得到的视图。

③ 左视图：由左向右投影，在 W 面上所得到的视图。

如图 2-8（a）所示。

为使三个视图能共面，必须把三个互相垂直的投影面展开。

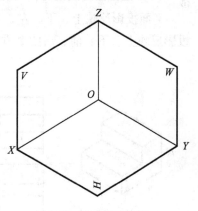

图 2-7　三投影面体系

为使三个视图能共面，令 V 面保持不动，H 面绕 OX 轴向下翻转 90°，W 面绕 OZ 轴向右翻转 90°，使它们与 V 面处于同一平面上。原 OY 轴被分为两条，在 H 面上的用 OY_H 表示，在 W 面上的用 OY_W 表示；原 OX 轴与 OZ 轴的位置不变，如图 2-8（b）、（c）所示。

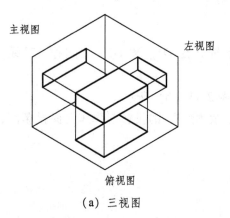

（a）三视图

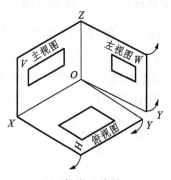

（b）投影面的展开

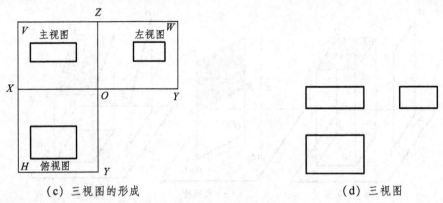

（c）三视图的形成　　　　　　　　　　　（d）三视图

图 2-8　三视图的形成

（3）三视图的对应关系（见图 2-9）

①长对正：正面（V）投影与水平（H）投影中相应投影的长度相等。

②高平齐：正面（V）投影与侧面（W）投影中相应投影的高度相等。

③宽相等：水平（H）投影与侧面（W）投影中相应投影的宽度相等。

（4）三视图反映的方向（见图 2-10）

V 面投影反映上、下、左、右四个方向。H 面投影反映前、后、左、右四个方向。W 面投影反映上、下、前、后四个方向。

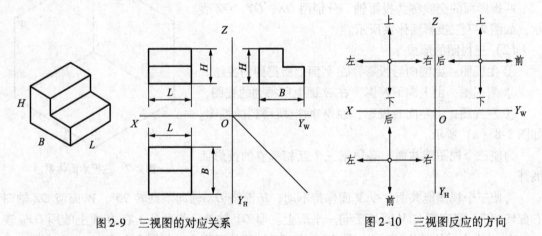

图 2-9　三视图的对应关系　　　　　　　图 2-10　三视图反应的方向

3. 三视图的作图方法和步骤

（1）画水平和垂直十字相交线，作为投影轴。在 OY_H 和 OY_w 之间作 45°线，如图 2-11（a）所示。

（2）画出反映物体形状特征的 W 面投影，如图 2-11（b）所示。

（3）根据"九字令"，即"长对正，高平齐，宽相等"的投影规律作三面投影图，如图 2-11（c）所示。

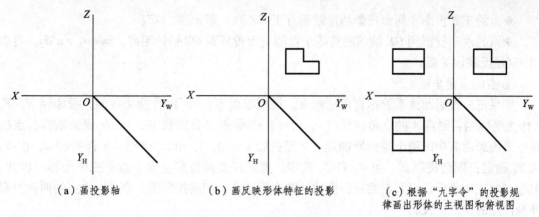

（a）画投影轴 　　　　（b）画反映形体特征的投影 　　　　（c）根据"九字令"的投影规律画出形体的主视图和俯视图

图 2-11　三视图的作图方法和步骤

4. 点、直线、平面的投影

（1）点的投影

① 点的投影特点

点的投影仍为一点，且空间点在一个投影面上有唯一的投影；但已知点的一个投影，不能唯一确定点的空间位置，如图 2-12 所示。

② 点的三面投影。

三面投影体系和点的三面投影。

当空间一点放在三投影面体系中，空间点的位置就随之确定了。

空间点及其投影的标记规定为：

空间点用大写拉丁字母表示，如 A，B，C …；水平投影用相应的小写字母表示，如 a，b，c …；正面投影用相应的小写字母加一撇表示，如 a'，b'，c' …；侧面投影用相应的小写字母加两撇表示，如 a''，b''，c'' …，如图 2-13 所示。

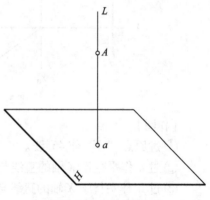

图 2-12　点的投影

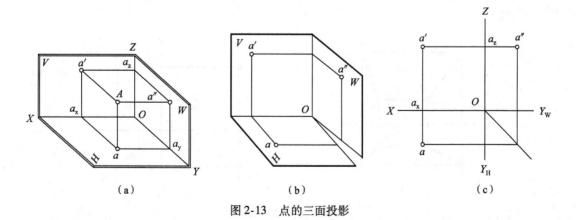

（a）　　　　　　　　（b）　　　　　　　　（c）

图 2-13　点的三面投影

③ 点的投影规律

◆ 点的正面投影和水平投影的连线垂直于 OX 轴，即 $a'a \perp OX$。

◆点的正面投影和侧面投影的连线垂直于 OZ 轴，即 $a'a'' \perp OZ$。

◆点的水平投影到 OX 轴的距离等于点的侧面投影到 OZ 轴的距离，即 $aa_X = a''a_Z$，可以用 45°线反映该关系。

④ 点的直角坐标

如果把三投影面体系看作直角坐标系，把投影面 H、V、W 作为坐标面，投影轴 X、Y、Z 作为坐标轴，则点 A 的直角坐标 (x, y, z) 便是 A 点分别到 W、V、H 面的距离。点的每一个投影由其中的两个坐标所确定：V 面投影 a'，由 X_A 和 Z_A 确定；H 面投影 a，由 X_A 和 Y_A 确定；W 面投影 a''，由 Y_A 和 Z_A 确定。点的任意两投影包含了点的三个坐标，因此，根据点的三个坐标值以及点的投影规律就能作出该点的三面投影图，也可以由点的两面投影补画出点的第三面投影。

【例 2 – 1】已知点 A 的 V 面投影 a' 和 H 面投影 a，求 W 面投影 a''（见图 2-14）。

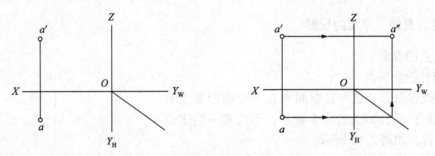

图 2-14　由点的两面投影求第三投影

【作图】

① 过原点"O"作 45°线。

② 过 a 作平行于 X 轴的直线与 45°线相交，再过交点作平行于 Z 轴的直线。

③ 过 a' 作平行于 X 轴的直线与平行于 Z 轴的直线相交于 a''，即为所求。

（2）直线的投影

① 直线的投影特征

直线的投影一般仍为直线，两点可以唯一确定一条直线。所以在绘制直线的投影图时，只要作出直线上任意两点的投影，然后连接这两点的同面投影，即是直线的三面投影图，如图 2-15 所示。

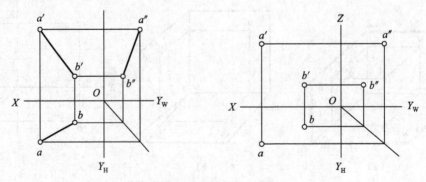

图 2-15　直线的三面投影

根据直线与三个投影面的相对位置不同，可以把直线分为三种：

a. 一般位置直线：与三个投影面都倾斜的直线。

b. 投影面平行线：平行于一个投影面，倾斜于另外两个投影面的直线。

c. 投影面垂直线：垂直于一个投影面，同时必平行于另外两投影面的直线。

投影面平行线和投影面垂直线统称为特殊位置直线。

② 一般位置直线

如图 2-16 所示。

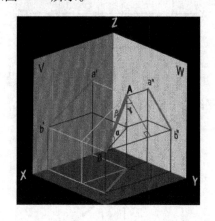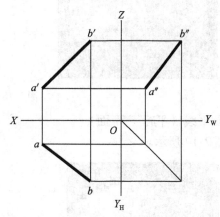

图 2-16　一般位置直线

一般直线的投影特性：

三个投影都缩短，即都不反映空间线段的实长，且与三根投影轴都倾斜（三斜三短）。

③ 投影面平行线

如图 2-17 所示。

a. 水平线（平行于 H 面）

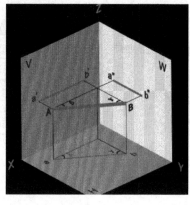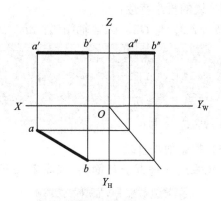

图 2-17　水平线

水平线的投影特性：

$ab = AB$，与 OX、OY_H 轴倾斜；$a'b'//OX$ 轴，$a''b''//OY_W$ 轴。$a'b' < AB$，$a''b'' < AB$。

b. 正平线（平行于 V 面）

如图 2-18 正平线所示。

正平线的投影特性：

$a'b' = AB$，与 OX、OZ 轴倾斜；$ab //OX$ 轴，$a''b''//OZ$ 轴。$ab < AB$，$a''b'' < AB$。

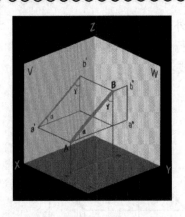 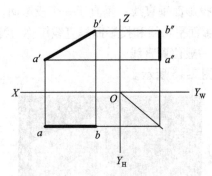

图 2-18　正平线

④ 侧平线（平行于 W 面）

如图 2-19 所示。

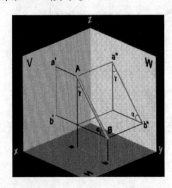 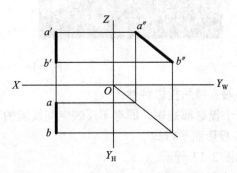

图 2-19　侧平线

侧平线的投影特性：

$a''b'' = AB$，与 OZ、OY_W 轴倾斜；$ab // OY_H$ 轴，$a'b' // OZ$ 轴。$ab < AB$，$a'b' < AB$。

投影面平行线的投影特性：

◆ 在其平行的那个投影面上的投影反映实长。

◆ 另两个投影面上的投影平行于相应的投影轴。

（一斜二平）

（3）投影面垂直线

a. 铅垂线（垂直于 H 面）：如图 2-20 所示。

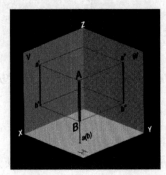 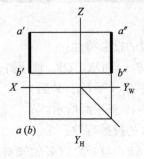

图 2-20　铅垂线

b. 正垂线（垂直于 *V* 面） 如图 2-21 所示。

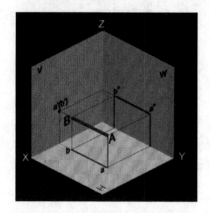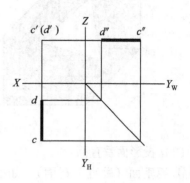

图 2-21 正垂线

c. 侧垂线（垂直于 *W* 面） 如图 2-22 所示。

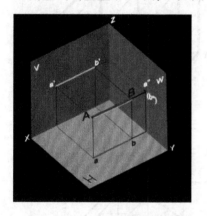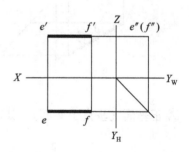

图 2-22 侧垂线

投影面垂直线的投影特性：
◆ 在其垂直的投影面上，投影有积聚性。
◆ 另外两个投影，反映线段实长。且垂直于相应的投影轴。
（一点两平）

5. 平面的投影

平面与投影面的相对位置有下面三种：

一般位置平面 与三个投影面都倾斜的平面。

投影面垂直面 垂直于一个投影面，倾斜于另外两个投影面的平面。

投影面平行面 平行于一个投影面，必然垂直于另外两个投影面的平面。

（1）一般位置平面 如图 2-23 所示。

一般位置平面的投影特性：
与三个投影面成倾斜故三个投影都缩小，为平面图形的类似形（三个面）。

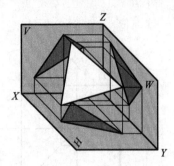
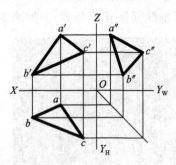

图 2-23　一般位置平面

（2）投影面垂直面

① 铅垂面（垂直于 H 面）　如图 2-24 所示。

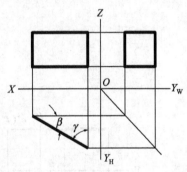
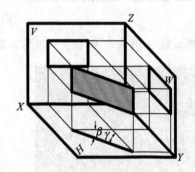

图 2-24　铅垂面

② 正垂面（垂直于 V 面）　如图 2-25 所示。

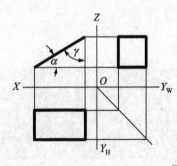
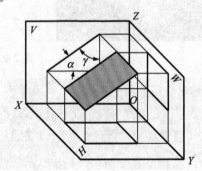

图 2-25　正垂面

③ 侧垂面（垂直于 W 面）　如图 2-26 所示。

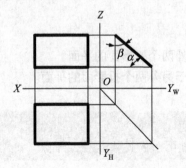
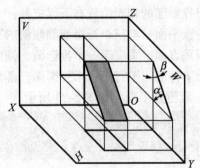

图 2-26　侧垂面

投影面垂直面的投影特性：

◆ 在与其所垂直的投影面上的投影，积聚成倾斜于投影轴的直线，具有积聚性。

◆ 其他两个投影都是面积小于原平面图形的类似形，具有类似性。

（一斜线，两面）

（3）投影面平行面

① 正平面（平行 V 面） 如图 2-27 所示。

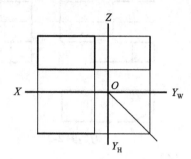 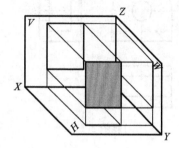

图 2-27 正平面

② 水平面（平行于 H 面） 如图 2-28 所示。

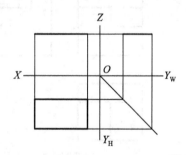 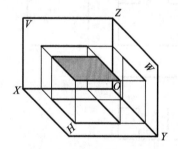

图 2-28 水平面

③ 侧平面（平行于 W 面） 如图 2-29 所示。

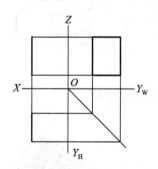 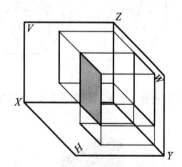

图 2-29 侧平面

投影面平行面的投影特性：

◆ 在与其平行的投影面上的投影，反映平面图形的实形，具有真实性。

◆ 在其他两个投影面上的投影均积聚成平行于相应投影轴的直线，具有积聚性。

（一个面，两根线）

习题与思考

1. 在习题图 2-1 ~ 习题图 2-4 中找出相应的立体图，并在下面括号内填写它的序号。

（1）

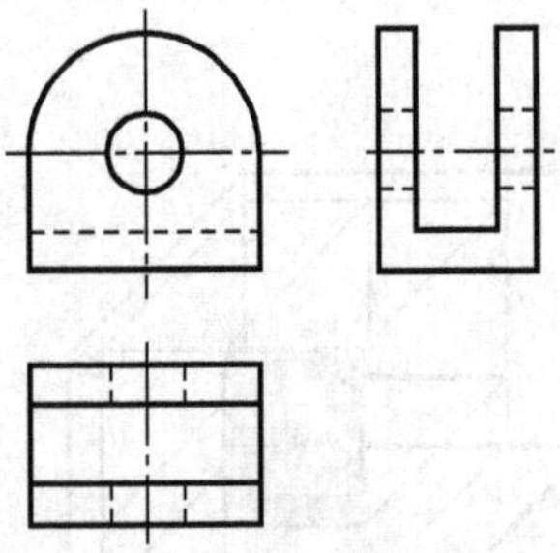

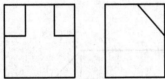

习题图 2-1

（2）

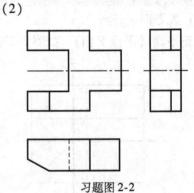

习题图 2-2

（3）

习题图 2-3

（4）

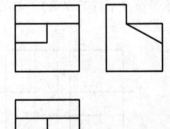

习题图 2-4

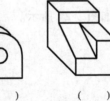

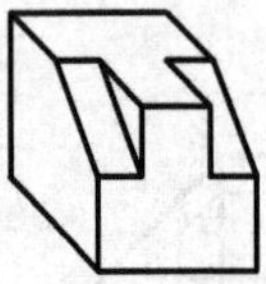

（　　）　　　　（　　）　　　　（　　）　　　　（　　）

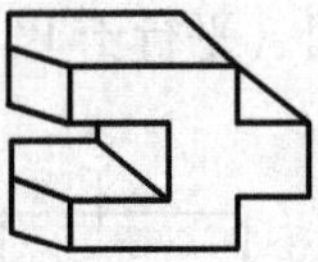

2. 根据习题图 2-5 和习题图 2-6 所给模型画出它们的三视图。

（1）

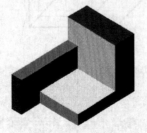

习题图 2-5

（2）

习题图 2-6

任务二　根据复杂平面立体图画三视图

如何根据如图2-30（a）所示的复杂平面立体图来画出图2-30（b）所示的三视图？

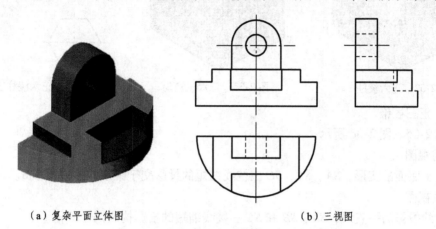

（a）复杂平面立体图　　　　　　　　　（b）三视图

图2-30　根据复杂平面立体图画三视图

☞ 学一学　基本几何体的画法

● 基本几何体

立体的形状是各种各样的，但任何复杂立体都可以分析成是由一些简单的几何体组成的，如棱柱、棱锥、圆柱、圆锥、球等，这些简单的几何体统称为基本几何体，如图2-31所示。

图2-31　基本几何体

根据基本几何体表面的几何性质，它们可分为平面立体和曲面立体。

◇ 平面立体的投影

平面立体：表面全是平面的立体。常见的基本平面立体有棱柱和棱锥两类。

（1）正六棱柱

如图2-32、图2-33和图2-34所示。

① 俯视图

上下底面的投影重合为一正六边形，六个侧表面积聚为正六边形的六条边。

② 主视图

上下底积聚为两条线，中间的四条棱线围成三个线框。

③ 左视图

上下底投影仍为直线。注意：中间三条线构成两个线框。

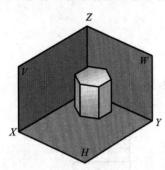

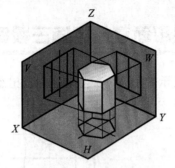

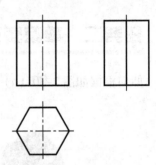

图 2-32　正六棱柱 1　　　　　图 2-33　正六棱柱 2　　　　　图 2-34　正六棱柱三视图

（2）正三棱锥

如图 2-35、图 2-36 所示。

① 俯视图

反映出底面的实形，SA、SB、SC 三棱线缩短的投影交于锥顶的水平投影 S。

② 主视图

底面的投影为一直线，SA、SB 和 SC 三棱线缩短的投影构成两个线框。

③ 左视图

底面及后侧面的投影均为直线，SB 的投影反映实长。

🐝 注意

三棱锥左视图不是一个等腰三角形。

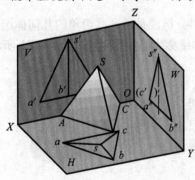

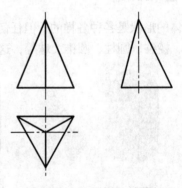

图 2-35　正三棱锥　　　　　　　　图 2-36　正三棱锥三视图

习题与思考

1. 根据习题图 2-7 和习题图 2-8 所示的复杂平面立体图，补画视图中缺漏的图线。

（1）

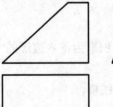

习题图 2-7

（2）

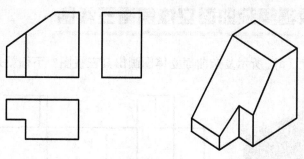

习题图 2-8

2. 根据习题图 2-9 所示带切口的平面立体图，补画视图中缺漏的图线。

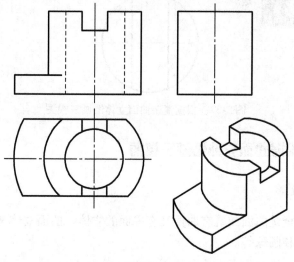

习题图 2-9

3. 画习题图 2-10 所示复杂平面立体图的三视图。

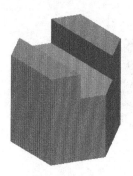

习题图 2-10

任务三 根据复杂曲面立体图画三视图

如何画出图 2-37（a）所示复杂曲面立体图画出其三视图？下面就来解决这个问题。

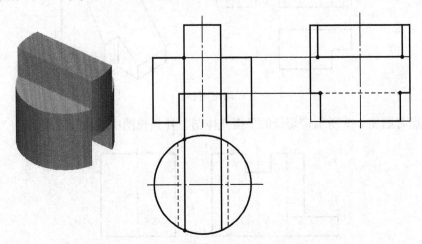

图 2-37 根据复杂曲面立体图画三视图

☞ 学一学 根据曲面立体图画三视图

● 曲面立体的投影

曲面立体：表面全是曲面或既有曲面又有平面的立体。曲面立体又称为回转体。常见的回转体有圆柱、圆锥和圆球等。

（1）圆柱体

如图 2-38 和图 2-39 所示。

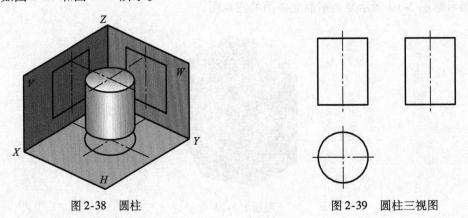

图 2-38 圆柱   图 2-39 圆柱三视图

俯视图——上下底面的投影重合为一圆，圆柱面则被积聚于圆周上。

主视图——上下底积聚为两条线，圆柱表面上最左和最右的两条素线为圆柱的外形轮廓线。

左视图——上下底投影仍为直线，圆柱表面上最前和最后两条素线为外形轮廓线。

（2）圆锥体

如图 2-40 圆锥体和 2-41 圆锥体三视图所示：

俯视图——底面的投影为一圆，圆锥面则被重合在该圆内。

主视图——底面积聚为一直线，圆锥表面上最左和最右的两条素线为圆锥的外形轮廓线。

左视图——底面的投影仍为直线，圆锥表面上最前和最后两条素线为外形轮廓线。

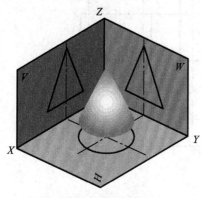

图 2-40　圆锥体

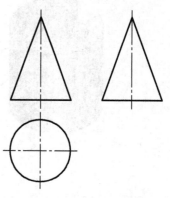

图 2-41　圆锥体三视图

（3）球体

如图 2-42 和图 2-43 所示。

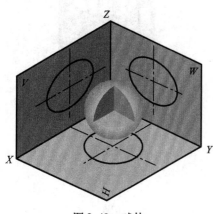

图 2-42　球体

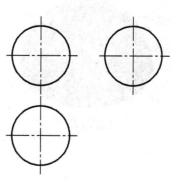

图 2-43　球体三视图

球体的三个视图为等直径的三个圆。要注意的是这三个圆在球体表面上的位置。

V 面投影的圆是前后两半球的分界线圆。H 面投影的圆为上下两半球的分界圆。W 面投影圆是左右两半球的分界圆。

注意

V、H、W 面投影图中的三个外形轮廓圆在另两投影图中的位置。

习题与思考

1. 根据复杂曲面立体图，补画习题图 2-11 视图中缺漏的图线。

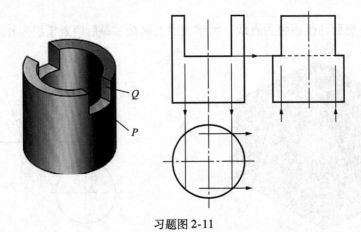

习题图 2-11

2. 根据习题图 2-12 和习题图 2-13 所示复杂曲面立体图，分别画出它们的三视图。

（1）　　　　　　　　　　　　　　　（2）

习题图 2-12

习题图 2-13

项目三　截交线与相贯线

任务一　画四棱锥的截交线

1. 任务一描述

画出图 3-1 所示的被平面 P 所截的四棱锥的截交线。图 3-2 为图 3-1 所示立体图的三视图作图步骤。

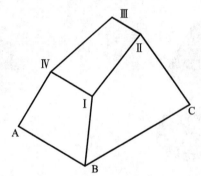

图 3-1　被平面 P 所截的四棱锥

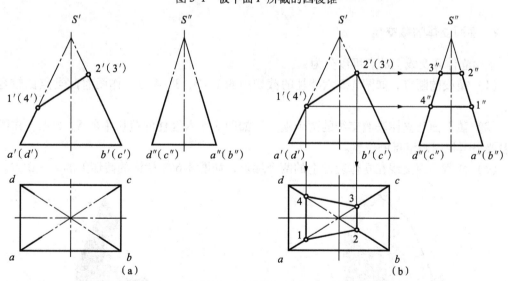

图 3-2　画四棱锥被正垂面截切后的三视图作图步骤

2. 任务一的实现

截交线为四边形，四边形的四个顶点Ⅰ、Ⅱ、Ⅲ、Ⅳ分别是四条棱 SA、SB、SC、SD

与截平面 P 的交点。只要求出截交线四个顶点的投影，然后依次连接各点的同面投影，即得截交线的投影。

☞ 学一学　立体表面交线和平面立体的截交线

1. 立体表面交线

要绘制如图 3-3 所示的切割立体的投影图，就应掌握截交线的画法。

截交线的形成以及截切的基本概念：如图 3-4 三棱锥的截切所示。

截平面——切割立体的平面。

截断体——被平面截切的立体。

截交线——立体被平面切割后在立体表面上产生的交线。

截交线的两点性质：

a. 截交线为立体表面上的交线。

b. 截交线为一封闭的平面图形。

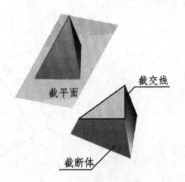

图 3-3　被截切的立体　　　　　　　　　　　　图 3-4　三棱锥的截切

2. 平面立体的截交线

平面立体截交线上的点可以分为：

（1）棱线的断点，如图 3-5 六棱柱的截切中的 1、2、3、4 点，作图时此类点比较容易确定。

（2）截平面与立体表面交线的两个端点，如图 3-5 六棱柱的截切中的 5、6 点。作图时一般要根据视图确定点的位置。

（3）两截平面交线在立体表面上的两个端点，如图 3-6 三棱锥的截切上的 A、B 点。

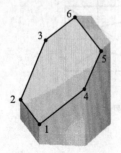

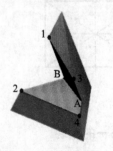

图 3-5　六棱柱的截切　　　　　　　　　　　图 3-6　三棱锥的截切

【例3-1】 如图3-7所示，补出切割六棱柱左视图中的漏线并画出其俯视图。

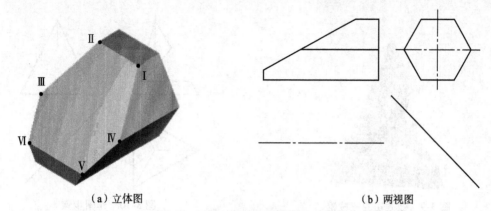

（a）立体图　　　　　　　　　　　　　　　（b）两视图

图 3-7　切割六棱柱的两视图和立体图

【作图】

【例3-1】 的作图步骤如图3-8（a）、（b）、（c）、（d）、（e）所示。

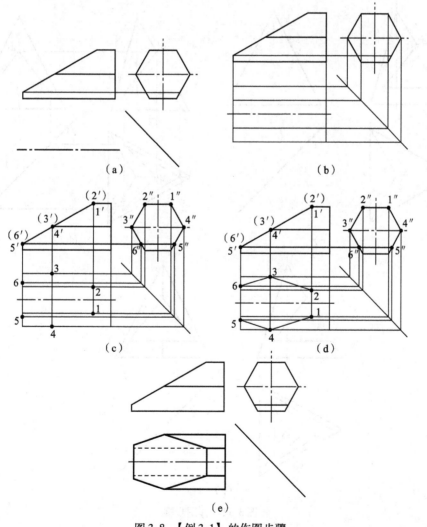

图 3-8　【例3-1】的作图步骤

【例3-2】 试画出图3-9所示截切三棱锥的水平投影和侧面投影。作图步骤从图3-10开始。

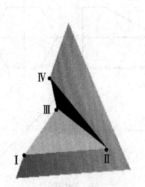

图3-9　被截切的三棱锥

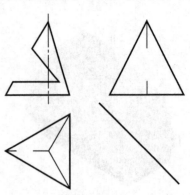

图3-10　作图步骤

【作图】

【例3-2】 的作图步骤如图3-11（a）、（b）、（c）所示。

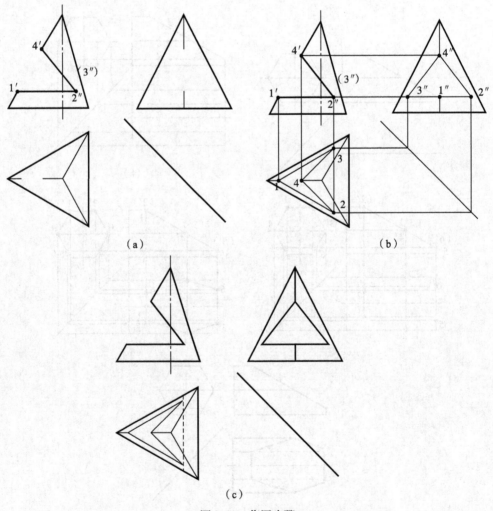

（a）　　　　　　　　　　　　　　　　（b）

（c）

图3-11　作图步骤

任务二　画正垂面截切圆柱的截交线投影

1. 任务描述

画图 3-12 所示正垂面截切圆柱的截交线投影。

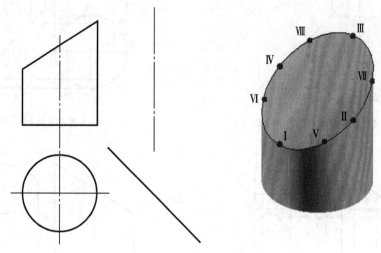

图 3-12　正垂面截切圆柱

2. 作图步骤

截切圆柱步骤如图 3-13（a）、（b）、（c）、（d）、（e）、（f）所示。

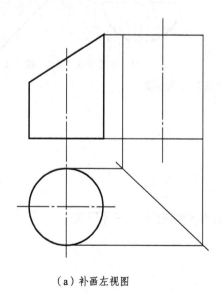

（a）补画左视图

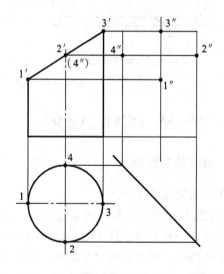

（b）找特殊点

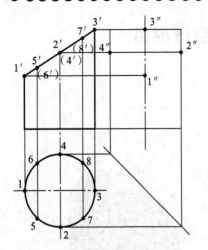

（c）在有积聚性的圆上找一般点

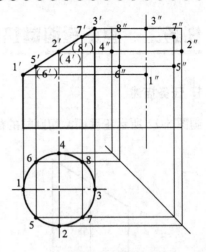

（d）找左视图上的一般点

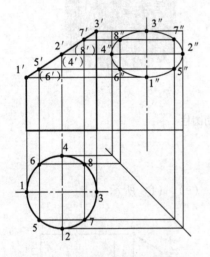

（e）光滑连接特殊点和一般点

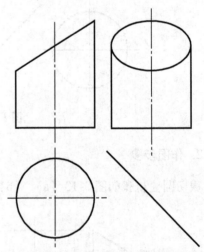

（f）得正垂面截切圆柱的截交线

图 3-13　正垂面截切圆柱的作图步骤

☞ 学一学　回转体的截交线

1. 圆柱的截交线

（1）截交线形状分析

根据截平面与圆柱轴线的相对位置不同，圆柱截交线有下列三种形状。

① 圆——截平面垂直于轴线，如图 3-14 所示。

② 椭圆——截平面倾斜于轴线，如图 3-15 所示。

③ 矩形——截平面平行于轴线，如图 3-16 所示。

（2）圆柱截交线作图分析

三种形状的截交线中，圆的作图比较容易。矩形作图要点在于定准圆柱表面上两条平行素线的位置。而椭圆的作图就要借助于找点的方法了。

任务二作图分析

由丁截平面倾斜于圆柱轴线截切，故截交线为椭圆。

该椭圆的正面投影积聚为一条直线，水平投影被积聚于圆柱的积聚性投影——圆上。椭圆的侧面投影可根据圆柱面上取点的方法求出。

图 3-14 截交线为圆   图 3-15 截交线为椭圆   图 3-16 截交线为矩形

2. 圆锥的截交线

（1）截交线形状分析

根据截平面与圆锥轴线的相对位置不同，圆锥截交线有下列五种形状。

① 圆——截平面垂直于轴线，如图 3-17（a）所示。

② 三角形——截平面过锥顶截切，如图 3-17（b）所示。

③ 椭圆——截平面倾斜于轴线，如图 3-17（c）所示。

④ 双曲线——截平面平行于轴线截切，如图 3-17（d）所示。

⑤ 抛物线——截平面平行于圆锥表面上一条素线，如图 3-17（e）所示。

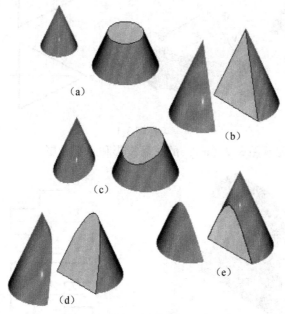

图 3-17 圆锥截交线的五种情况

（2）圆锥截交线作图分析

在圆锥的五种不同形状的截交线中，三角形和圆的作图比较容易。椭圆、双曲线和抛物线的作图方法类似，即通过求出曲线上的若干点后再连接而成。

3. 球体的截交线

（1）球体截交线形状分析

不论截平面怎样截切球体，其截交线形状均为圆。如图3-18所示。

由于截交线圆与投影面的相对位置不同，其投影可能为圆、椭圆或直线。

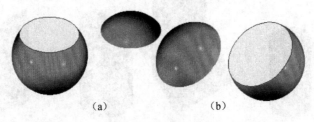

（a）　　　　　　　　（b）

图3-18　球体的截切

（2）球体截交线的作图分析

当截交线的投影为直线或圆时，其作图比较方便。若为椭圆则需要通过在球体表面上找点的方法作图。

习题与思考

1. 已知圆锥被一水平面截切（见习题图3-1），画出截交线的水平投影。

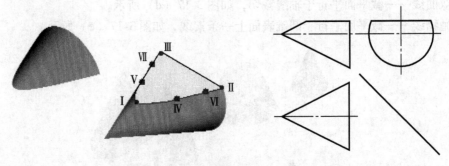

习题图3-1

2. 补全接头（见习题图3-2（a））的正面投影和水平投影。

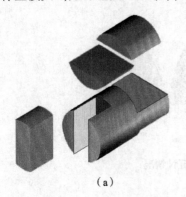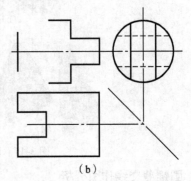

（a）　　　　　　　　　　（b）

习题图3-2

3. 正垂面截切圆柱和圆锥分别属于圆柱和圆锥截交线的哪种情况？

任务三　作两圆柱正交相贯线

1. 任务描述

作如图3-19所示的两圆柱正交相贯线。

图3-19　两圆柱正交立体图

2. 作图步骤

任务三的作图步骤如图3-20（a）、（b）、（c）所示。

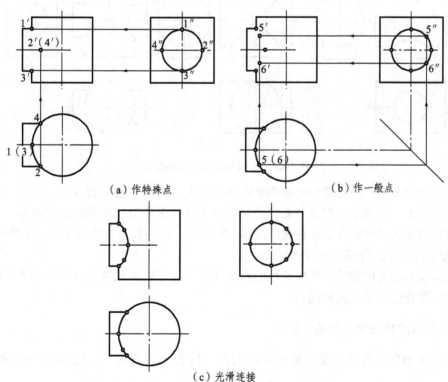

（a）作特殊点　　　　　　　　　（b）作一般点

（c）光滑连接

图3-20　求两圆柱正交相贯线的作图步骤

☞ 学一学　相贯线的性质及相贯线的特殊情况和简化画法

1. 相贯线的性质

两立体表面相交称为相贯，其表面的交线称为相贯线。相贯线是相交两立体表面的共有线，可看做是两立体表面上一系列共有点的集合，因此，求相贯线实质上就是求两立体表面共有点的投影。相贯线一般为封闭的空间曲线。

两正交圆柱的相贯线，当其相对大小（直径）发生变化时，相贯线的形状、弯曲趋向将随着变化，如图 3-21、图 3-22 所示。

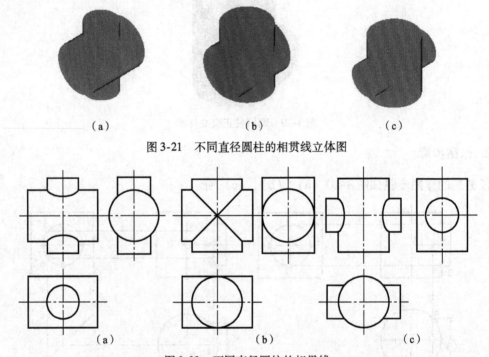

（a）　　　　　　　　　　（b）　　　　　　　　　　（c）

图 3-21　不同直径圆柱的相贯线立体图

（a）　　　　　　　　　　（b）　　　　　　　　　　（c）

图 3-22　不同直径圆柱的相贯线

从图中可以看出，在相贯线的非积聚性的投影上，当水平圆柱的直径大于直立圆柱时，相贯线呈现在上、下两端；当水平圆柱的直径小于直立圆柱时，相贯线呈现在左、右两端，并且相贯线总是为朝向较大圆柱轴线弯曲的空间曲线。当两圆柱直径相等时，相贯线为平面曲线（椭圆），其投影积聚为两条相交直线。

两轴线垂直相交的圆柱在机械零件上是最常见的，它们的相贯线一般有图 3-23 所示的三种形式，其作图方法也是相同的。

2. 相贯线的特殊情况和简化画法

两回转体相交，其相贯线一般为空间曲线，但在特殊情况下，也可能是平面曲线或直线。

当两回转体具有公共轴线时，其相贯线为垂直于轴线的圆，圆在轴线所平行的投影面上投影为直线，如图 3-24 所示。

当两等径圆柱轴线相交时，其相贯线为一平面曲线——椭圆，且在与两轴线平行的投影面上的投影为直线，如图 3-21（b）所示的两等径圆柱相贯的情况。

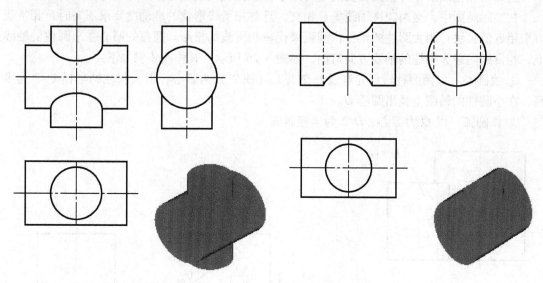

（a）两实心圆柱正交　　　　　　　（b）实心圆柱与空心圆柱正交

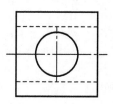

（c）两空心圆柱正交图

图 3-23　两圆柱正交的三种形式

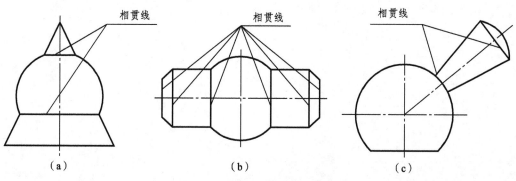

（a）　　　　　　　　　　（b）　　　　　　　　　　（c）

图 3-24　同轴回转体的相贯线

　　当两圆柱轴线平行时，其相贯线是两条平行于轴线的直线，如图3-25所示。

　　在实际画图中，当两圆柱轴线垂直相交，且对相贯线形状的准确度要求不高时，相贯线可采用近似画法：用大圆柱的半径作圆弧来代替相贯线的投影，圆弧的圆心在小圆柱的轴线上，相贯线向着大圆柱的轴线方向弯曲，如图3-26所示。其作图步骤如下：

　　① 找圆心　以两圆柱转向轮廓线的交点 $1'$（或 $2'$）为圆心，以大圆柱的半径 $D/2$ 为半径，在小圆柱的轴线上找出圆心 O。

　　② 作圆弧　以 O 为圆心、$D/2$ 为半径画弧。

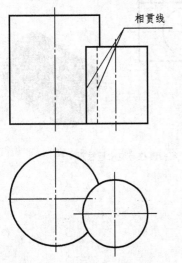

图3-25　平行两圆柱的相贯线

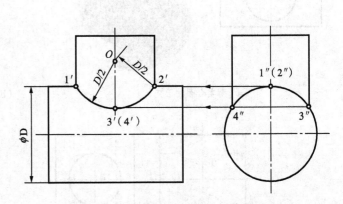

图3-26　用圆弧代替相贯线的简化画法

项目四　组合体的三面投影图

任务一　测绘组合体支架并画其三面投影图

图 4-1 所示为支架 1，图 4-2 所示是对任务一的实现，即支架 1 的三视图。

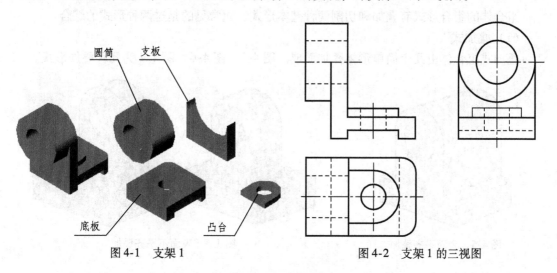

圆筒　支板

底板　　　凸台

图 4-1　支架 1

图 4-2　支架 1 的三视图

☞ 学一学　组合体及其三视图画法和读图的一般方法

什么叫组合体？

由两个或两个以上基本几何体按一定形式组成的物体，称为组合体。

1. 组合体的形体分析

什么叫形体分析法？

在组合体的画图、读图和标注尺寸过程中，通常假想将其分解成若干个基本形体，弄清楚各基本形体的形状、相对位置、组合形式以及表面连接关系，从而形成整个组合体的完整概念，这种"化整为零"使复杂问题简单化的分析方法，称为形体分析法。

形体分析法是画、读组合体视图及尺寸标注的最基本的方法。

如图 4-3 所示支架 2，可分解为直立空心圆柱、底板、肋板和水平空心圆柱四部分，如图 4-4 所示。

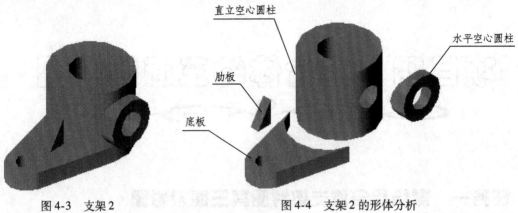

直立空心圆柱

水平空心圆柱

肋板

底板

图4-3　支架2　　　　　　　　图4-4　支架2的形体分析

2. 组合体的组合形式

组合体的组合形式有叠加和切割两种基本形式，而常见的是这两种形式的综合。

（1）叠加式

叠加式组合体由几个简单形体叠加而成。图4-5、图4-6、图4-7为几种叠加形式。

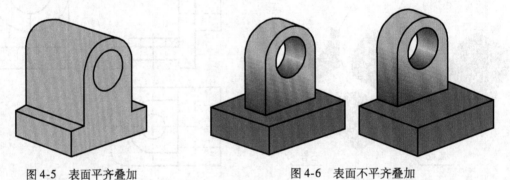

图4-5　表面平齐叠加　　　　　　　图4-6　表面不平齐叠加

（2）切割式

切割式组合体由一个基本几何体切去某些部分而形成。如图4-8所示，接头就是由圆柱体切割而成。

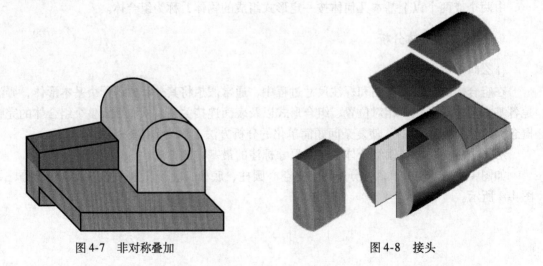

图4-7　非对称叠加　　　　　　　　图4-8　接头

3. 组合体表面连接处的画法

在分析组合体时，各形体相邻表面之间的连接关系，按其表面形状和相对位置不同可分为平齐、不平齐、相交和相切四种情况。连接关系不同，连接处投影的画法也不同。

（1）不平齐

当两个基本形体相邻表面不平齐（即不共面）时，相应视图中间应有线隔开，如图4-9所示。

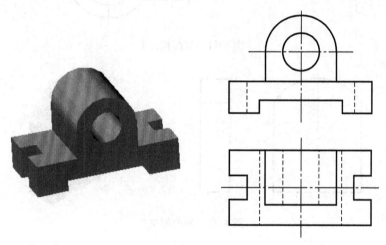

图4-9　表面不平齐

（2）平齐

当两个基本形体相邻表面平齐（即共面）时，相应视图中间应无分界线，如图4-10所示。

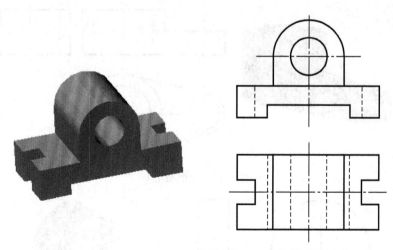

图4-10　表面平齐

（3）相交

当相邻两个基本形体的表面相交时，在相交处会产生各种形状的交线，应在视图相应位置处画出交线的投影，如图4-11和图4-12所示。

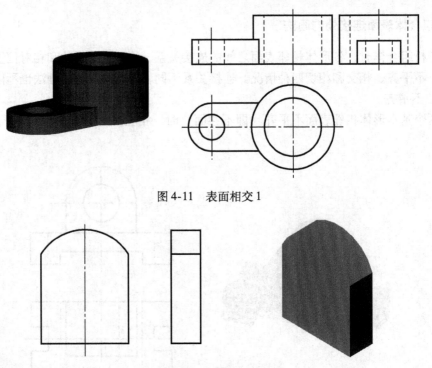

图 4-11　表面相交 1

图 4-12　表面相交 2

（4）相切

　　当相邻两个基本形体的表面相切时，由于在相切处两表面是光滑过渡的，不存在明显的分界线，故在相切处规定不画分界线的投影，但底板的顶面投影应画到切点处，如图 4-13 和图 4-14 所示。

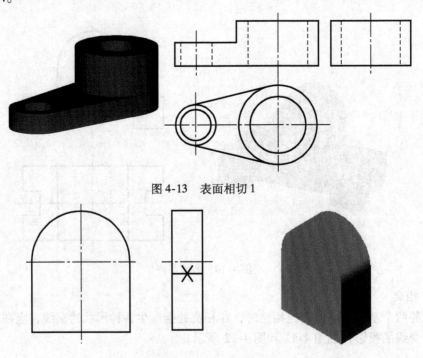

图 4-13　表面相切 1

图 4-14　表面相切 2

4. 组合体三视图的画法

（1）画作图基准线

根据组合体的总长、总宽、总高，并注意各视图之间应留有适当的地方标注尺寸，匀称布图，画出作图基准线。

（2）画底稿

按形体分析法逐个画出各基本形体。首先从反映形状特征明显的视图画起，然后画其他两个视图，三个视图配合进行。一般顺序是：先画整体，后画细节；先画主要部分，后画次要部分；先画大形体，后画小形体。

（3）检查

底稿画完以后，逐个地仔细检查各基本形体表面的连接关系，纠正错误和补充遗漏。

（4）描深

底稿经检查无误后，按"先描圆和圆弧，后描直线；先描水平方向直线，后描铅垂方向直线，最后描斜线"的顺序，根据国家标准规定线型，自上而下、从左到右描深图线。

5. 组合体视图的识读

画图是将物体按正投影方法表达在图纸上，将空间物体以平面图形的形式反映出来；读图则是根据投影规律由视图想象出物体的空间形状和结构。

在视图中找对应投影关系的方法如下：

（1）以反映形体形状特征和位置特征明显的视图为基础，将几个视图联系起来阅读

如图 4-15 所示的三个物体，它们的主、俯视图分别相同，左视图反映其形状特征。

读图时，要把所给的几个视图联系起来构思，善于抓住反映形体形状和各部分相对位置特征明显的视图，才能准确、迅速地想象出物体的真实形状。

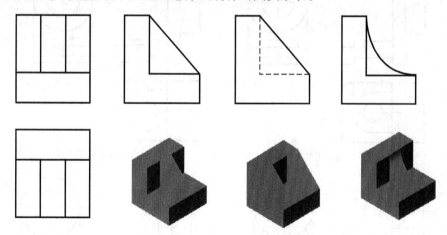

图 4-15 几个视图联系起来阅读

（2）从反映位置特征的视图看

如图 4-16（a）所示的物体，根据主视图和俯视图不能确定主视图中长方形线框Ⅱ和圆Ⅰ哪个是凸出的，哪个是凹进的。显然，左视图为这两部分的位置特征视图，主视图为形状特征视图。将主、左视图联系起来阅读，就能判定图 4-16（a）所示物体的真实形状应如图 4-16（c）所示。

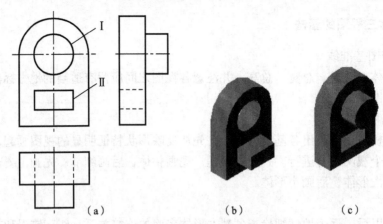

（a）　　　　　　　　　　（b）　　　　　　　　（c）

图 4-16　形状特征和位置特征

6. 读图的一般方法和步骤

（1）形体分析法

读图的基本方法与画图一样，也是运用形体分析法。一般从反映组合体形状特征明显的视图着手，把视图划分为若干部分，找出各部分在其他视图中的投影，然后逐一想象出各部分的形状以及各部分之间的相对位置，最后综合起来想象出组合体的整体形状。

【例 4-1】读如图 4-17 所示支架 1 的三视图。

分析：　支架 1 如图 4-1 所示，由四部分组成，即圆筒、底板、支板和凸台。下面分别画这四部分，然后综合起来想象出组合体支架 1 的整体形状。

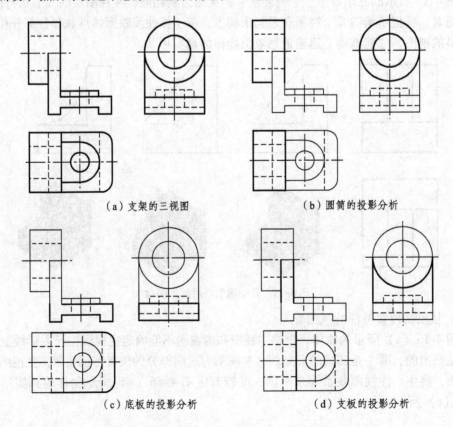

（a）支架的三视图　　　　　　　　　（b）圆筒的投影分析

（c）底板的投影分析　　　　　　　　（d）支板的投影分析

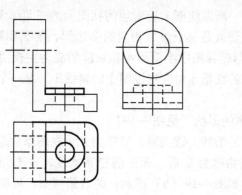

（e）凸台的投影分析　　　　　　　　（f）支架1的立体图

图4-17　用形体分析法读图

①初步分析视图　从主视图可以看出支架的整体特点，它是叠加类组合体。从俯、左视图可以看出支架的前后是对称的。

②分部分，想象形状　根据主视图的图形特点及其与俯、左视图的投影关系，可分为图中所示的四个部分。

③综合归纳想象整体　分析了各部分的形状以后，根据各部分在视图中的相互位置关系可以看出：圆筒在支板的左上方，支板支撑着圆筒，凸台在底板的上面，底板在支板的右下面，支架的整体形状如图4-17（f）所示。

（2）线面分析法

读图时，对组合体视图中不易读懂的部分，有时候需要应用另一种方法——线面分析法来分析。

组合体也可看成是由若干个面围成的，面与面之间常存在着交线；线面分析法就是运用投影规律分析组合体表面及线的形状和相对位置，然后将这些表面和线综合起来想象出它们的形状和相对位置，从而得出组合体的整体形状。

如图4-18（a）所示的物体，它的基本形体是长方体。主视图中有两个线框1′、2′，俯视图中与线框1′长对正的投影一个是三角形1，另一个是矩形4。

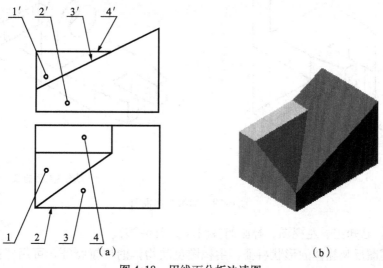

（a）　　　　　　　　　　　（b）

图4-18　用线面分析法读图

显然，矩形与三角形不是类似形，所以线框1′应对应俯视图上的三角形1，是一个侧垂面。根据物体上平面多边形的投影，要么是一个边数相同的多边形，要么积聚为一段直线，即"若无类似形，必定积聚成线"，与俯视图中小矩形4相对应的应为主视图中的一条水平直线段4′，是一个水平面。俯视图中的线框3对应主视图中的斜线3′，是一个正垂面。物体的形状应如图4-18（b）所示。

【例4-2】根据三视图想象出物体的形状（见图4-19）。

仅由一个视图一般不能确定物体的形状。读图时，要根据几个视图综合运用投影规律分析构思。根据主视图，只能想象出该物体为 L 形，无法确定其宽度，也不能判断主视图中的两条虚线和一条粗实线表示什么，如图4-19（b）所示；结合俯视图，可确定该物体的宽度及底板的形状，如图4-19（c）所示；再结合左视图，可确定竖板的形状，从而想象出该物体的整体形状，如图4-19（d）所示。

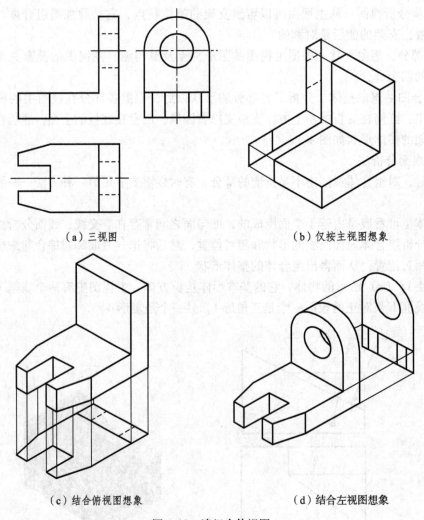

（a）三视图　　　　　　　　　　　　　（b）仅按主视图想象

（c）结合俯视图想象　　　　　　　　　　（d）结合左视图想象

图 4-19　读组合体视图

【例4-3】已知主、左视图，补画俯视图（见图4-20）。

由于左视图反映物体的形状特征，主视图反映物体的位置特征，可用"拉伸"左视图的方法，即根据左视图上的特征形线框（四边形和六边形）所表示的平面位置，沿着投射方向向左（或右）拉伸到主视图给定的距离，想象特征形线框在空间运动的轨迹，从而想象出物体的空间形状（见图4-20（b））。分两部分补画出俯视图，由于两部分中的斜面为同一平面，所以中间无线分开（见图4-20（c））。

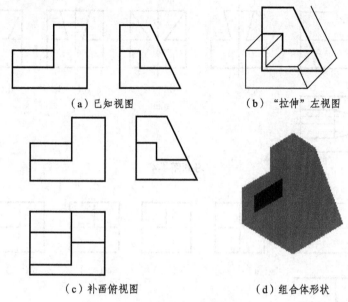

（a）已知视图　　　　（b）"拉伸"左视图

（c）补画俯视图　　　　（d）组合体形状

图 4-20　补画俯视图

 习题与思考

1. 读懂习题图 4-1 ~ 习题图 4-3 的两视图，分别补画第三视图。

（1）　　　　　　　　　　　　　　　（2）

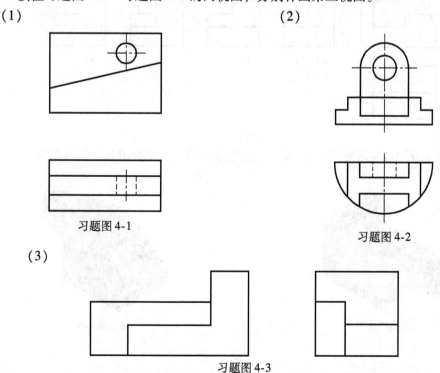

习题图 4-1

习题图 4-2

（3）

习题图 4-3

2. 读三视图想象形状（参见习题图 4-4 ~ 习题图 4-6），你能选出来吗？根据两视图选择正确的第三视图。

（1）

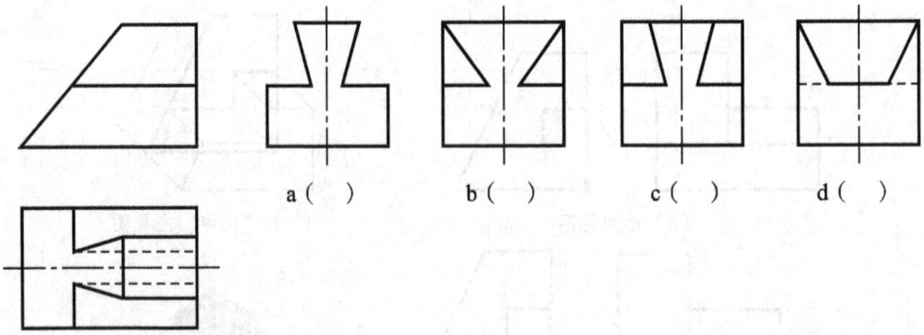

a（　）　　　b（　）　　　c（　）　　　d（　）

习题图 4-4

（2）

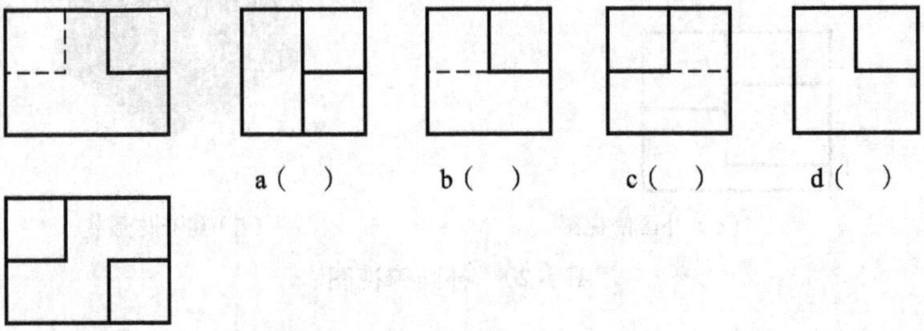

a（　）　　　b（　）　　　c（　）　　　d（　）

习题图 4-5

（3）

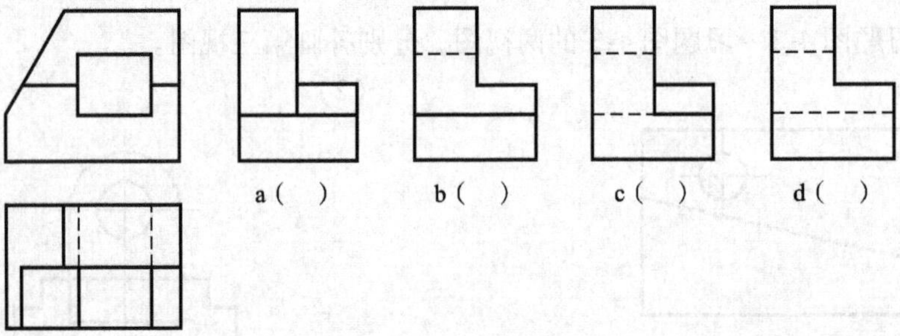

a（　）　　　b（　）　　　c（　）　　　d（　）

习题图 4-6

3. 根据习题图 4-7 ~ 习题图 4-10 所示的测绘组合体，分别画出其三面投影图。

（1）　　　　　　　　　　　　　　　（2）

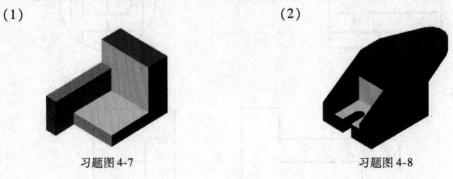

习题图 4-7　　　　　　　　　　　　　　　习题图 4-8

（3）

（4）

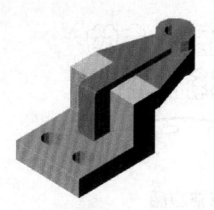

习题图 4-9

习题图 4-10

4. 根据习题 4-11 和习题 4-12 所示的轴测图分别画它们的三视图。

（1）

（2）

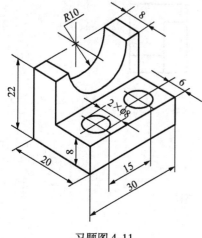

习题图 4-11

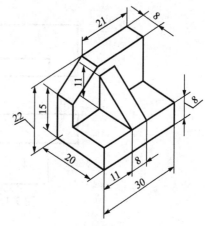

习题图 4-12

项目五 根据物体的三视图画其轴测图

任务一 根据三视图，绘制正等轴测图

1. 任务描述

根据图 5-1（a）所示的组合体三视图，绘制正等轴测图。

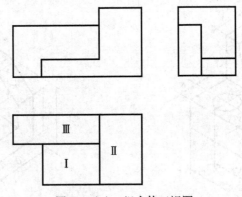

图 5-1（a） 组合体三视图

2. 作图步骤

作图步骤如图 5-1（b）、图 5-1（c）、图 5-1（d）所示。

（1）作正等轴测轴，先作下方第 I 部分，如图 5-1（b）所示；

（2）作放在 I 右上方的第 II 部分，如图 5-1（c）所示；

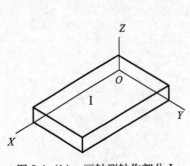

图 5-1（b） 画轴测轴作部分 I

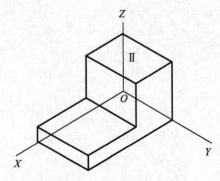

图 5-1（c） 作部分 II

（3）作紧靠第Ⅱ部分左后侧的第Ⅲ部分，如图5-1（d）所示；

（4）擦掉多余线，得正等轴测图如图5-2所示。

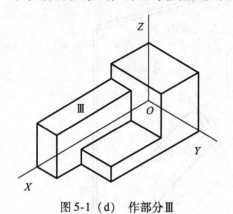

图5-1（d） 作部分Ⅲ

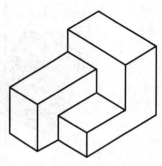

图5-2 正等轴测图

☞ 学一学 **轴测图**

物体在平行投影下形成的具有立体感的单面投影图。它不能真实地表达物体的形状、大小，常被用做辅助图样。

如图5-3所示，三视图和轴测图的比较。

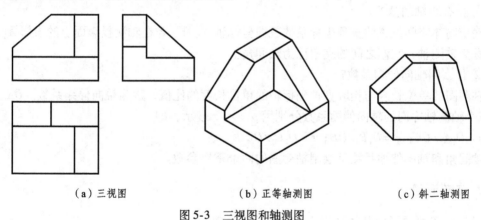

（a）三视图 （b）正等轴测图 （c）斜二轴测图

图5-3 三视图和轴测图

1. 轴测投影的基本概念

（1）轴测图的形成

什么叫轴测图？

将物体按某一方向用平行投影法投影到单一投影面上所得到的，具有立体感的图形称为轴测投影图简称轴测图。轴测图按投射方向与轴测投影面是否垂直，分为正轴测图和斜轴测图。

投影面P称为轴测投影面。坐标轴的轴测投影简称为轴测轴。如图5-4所示。

轴测图能够同时反映物体长、宽、高三个方向的投影。

轴测图有一个重要的特性，就是物体上互相平行的线段在轴测图上仍互相平行。物体上平行于某一坐标轴的直线，在轴测图上平行于相应的轴测轴。

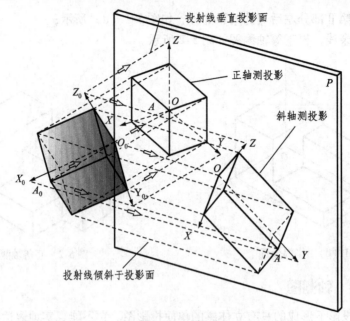

图 5-4 轴测图的形成

（2）轴间角和轴向伸缩系数

① 什么叫轴间角？

确定物体空间位置的直角坐标系的三根坐标轴 X、Y、Z 在轴测投影面上的投影 X_1、Y_1、Z_1，称为轴测轴，它们之间的夹角称为轴间角。

② 什么叫轴向伸缩系数？

轴测图的单位长度与相应直角坐标轴的单位长度的比值，称为轴向伸缩系数。OX、OY、OZ 三个轴测轴方向的轴向伸缩系数分别用 p、q、r 表示，即

$$p = O_1A_1/OA ; \quad q = O_1B_1/OB ; \quad r = O_1C_1/OC$$

轴间角和轴向伸缩系数是绘制轴测图的两个重要参数。

2. 正等测图

（1）正等测的形成及其轴间角和轴向伸缩系数

当物体上的三个直角坐标轴与轴测投影面的倾角相等时，三个轴向伸缩系数均相等，这种用正投影法所得到的图形称为正等轴测图，简称正等测图。

正等测中的三个轴间角都等于 120°，其中，Z_1 轴画成铅垂方向，如图 5-5 所示。轴向伸缩系数相等，都是 0.82。为作图方便，通常采用简化的轴向伸缩系数 $p = q = r = 1$，如图 5-6 所示。即凡与轴测轴平行的线段，作图时按实际长度直接量取。

（2）平面立体的正等测图画法

画平面立体轴测图的方法有两种，即坐标法和方箱法。

① 坐标法

根据物体表面上各顶点的坐标，分别画出它们的轴测投影，然后依次连接成物体表面的轮廓线，这种方法称为坐标法。坐标法是绘制轴测图的基本方法。

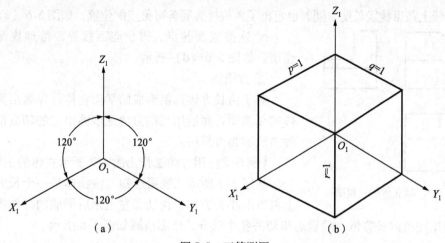

图 5-5　正等测图

【例 5-1】根据正六棱柱的投影图，用坐标法画出其正等测图。

作图步骤如下：

a. 在视图上选定坐标原点和坐标轴，画出轴测轴，根据六棱柱顶面各点坐标，在 $X_1O_1Y_1$ 坐标面上定出顶面各点的位置。在 X_1 轴上定出 3_1、6_1 点，在 Y_1 轴上定出 a_1、b_1 点，过点 a_1、b_1 作直线平行于 X_1 轴，并在所作两直线上作出 1_1、2_1、4_1、5_1 各点，如图 5-6（a）、（b）所示。

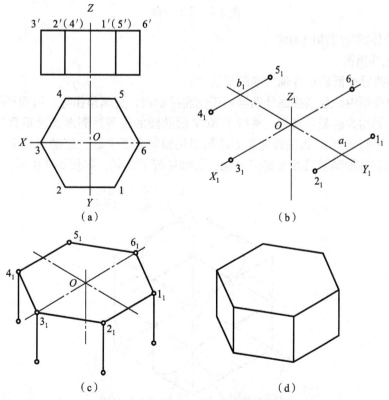

图 5-6　正六棱柱正等测图的作图步骤

b. 连接上述各点，得出六棱柱顶面投影，由各顶点向下作 Z_1 轴的平行线，根据六棱柱高度在平行线上截得棱线长度，同时也定出了六棱柱底面各可见点的位置，如图5-6（c）所示。

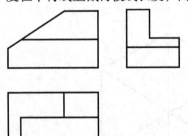

c. 连接底面各点，得出底面投影，整理描深，完成作图。如图5-6（d）所示。

② 方箱法

对于由长方体切割形成的平面立体，先画出完整长方体的轴测图，然后用切割方法逐步画出它的切去部分，这种方法称为方箱法。

【例5-2】用方箱法作出图5-7所示立体的正等测。

从图5-7所示三视图可知，该物体是一个长方体切去上前方的小长方体，再切去左上角后形成的。作图时先用

图5-7 某立体的三视图

坐标法画出完整的长方体，然后逐步切去各个部分，作图步骤如图5-8所示。

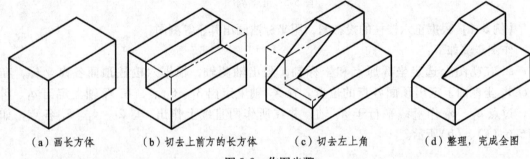

（a）画长方体   （b）切去上前方的长方体   （c）切去左上角   （d）整理，完成全图

图5-8 作图步骤

（3）回转体的正等测图画法

① 圆的正等测图

平行于各坐标面圆的正等轴测图的画法

在正等测投影中，各坐标面分别倾斜于轴测投影面，且倾角相等，因而平行于各坐标面圆的正等测投影均为椭圆。其中，平行于XOY面的圆的正等轴测图长轴垂直于Z轴，短轴平行于Z轴；平行于XOZ面的圆的正等轴测图长轴垂直于Y轴，短轴平行于Y轴；平行于YOZ面的圆的正等轴测图长轴垂直于X轴，短轴平行于X轴。如图5-9所示。

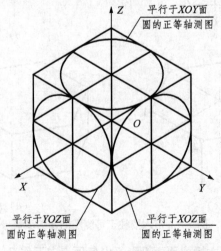

图5-9 平行于各坐标面圆的正等轴测图

平行于坐标面的圆的正等测图是椭圆。

画图时，为简化作图，通常采用四段圆弧连接成近似椭圆的作图方法。现以 *XOY* 坐标面上的圆为例说明作图步骤，如图 5-10 所示。

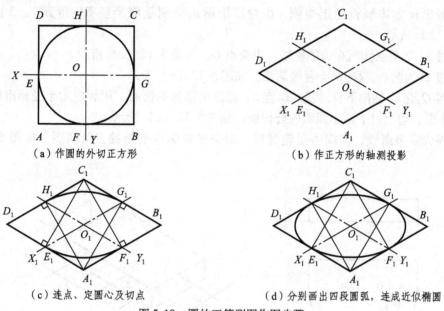

（a）作圆的外切正方形　　　　　　　　　　（b）作正方形的轴测投影

（c）连点、定圆心及切点　　　　　　　（d）分别画出四段圆弧，连成近似椭圆

图 5-10　圆的正等测图作图步骤

② 圆柱体正等测图的画法

作圆柱体的正等测图。作图步骤如图 5-11 所示。

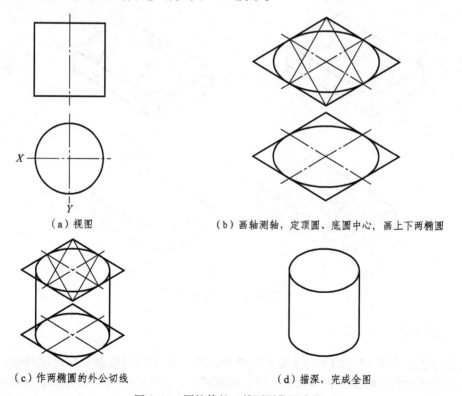

（a）视图　　　　　　（b）画轴测轴，定顶圆、底圆中心，画上下两椭圆

（c）作两椭圆的外公切线　　　　　　（d）描深，完成全图

图 5-11　圆柱体的正等测图作图步骤

③ 作带圆角平板的正等测图。

作图步骤如图 5-12 所示。

a. 确定以 R 为半径的圆角切点 1、2，如图 5-12（a）所示。

b. 画出长方体平板的正等测，由角顶沿两边分别量取半径 R，得到 1、2 两点，如图 5-12（b）所示。

c. 过 1、2 两点作所在边的垂线，得交点 O。如图 5-12（c）所示。

d. 以 O 为圆心，$O1$ 为半径画圆弧。如图 5-12（d）所示。

e. 将 O 沿 Z_1 轴向下移动板的厚度 h，得底面圆弧的圆心，用相应的半径画出底面的圆弧。再作出右边上、下两小圆弧的公切线。如图 5-12（e）所示。

f. 擦去多余图线，描深可见轮廓线，即完成带圆角平板的正等测图。如图 5-12（f）所示。

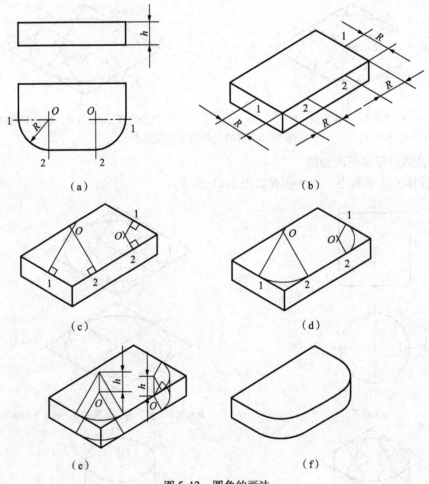

图 5-12　圆角的画法

3. 斜二测图

当物体上的 XOZ 坐标面平行于轴测投影面，而投射方向与轴测投影面倾斜时，所得到的轴测投影图称斜二轴测图，简称斜二测。轴测轴 O_1X_1 和 OZ_1 仍分别为水平方向和铅垂方向，其轴向伸缩系数为 $p_1 = r_1 = 1$；轴测轴 O_1Y_1 与水平线成 45°角，其轴向伸缩系数 $q_1 =$

0.5。斜二测图中轴测轴的位置如图 5-13 所示。

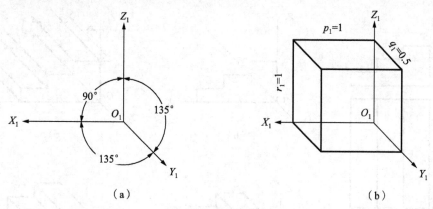

（a）　　　　　　　　　　　　　（b）

图 5-13　斜二测图

由于斜二测中 *XOZ* 坐标面平行于轴测投影面，所以物体上平行于该坐标面的图形均反映实形。如果这个图形上的圆或圆弧较多，作图时就很方便。因此，当物体仅在某一方向上有圆或圆弧时，常采用斜二测图来表达，图 5-14 为应用实例。

【例 5-3】画出如图 5-14（a）所示物体的斜二测图。

【作图】

绘制物体斜二测的方法和步骤与绘制物体正等测图相同，具体过程如图 5-14（b）、（c）、（d）、（e）所示。

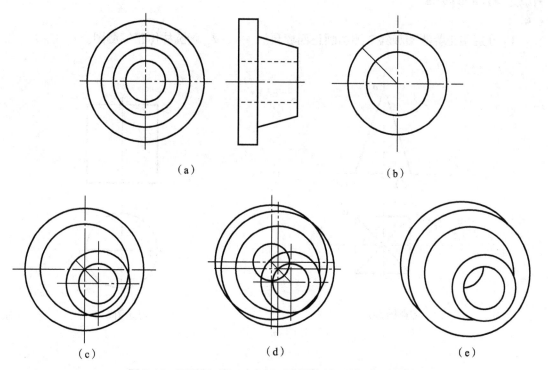

（a）　　　　　　　　　　　　　（b）

（c）　　　　　　　　　　（d）　　　　　　　　　　（e）

图 5-14　画平行于 *XOZ* 坐标面内圆的斜二测图应用举例

【例 5-4】画出如图 5-15（a）所示三层台阶的斜二测图。

作图步骤

绘图步骤如图 5-15（b）、（c）、（d）、（e）所示。

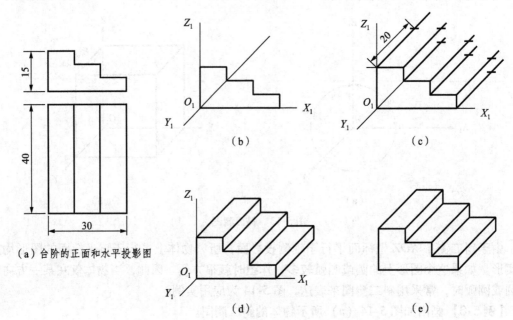

（a）台阶的正面和水平投影图

图 5-15　三层台阶的斜二测图作图步骤

 习题与思考

1. 分别用正等测图和斜二测图画正四棱台。　　2. 画圆柱体正等测图。

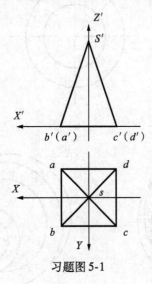

习题图 5-1

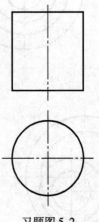

习题图 5-2

3. 用正等测图画带圆角的底面。

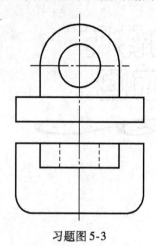

习题图 5-3

4. 画轴套的正等测图

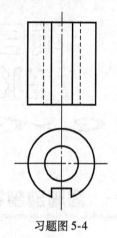

习题图 5-4

5. 画圆台的正等测图。

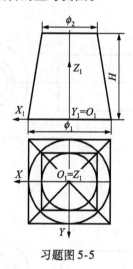

习题图 5-5

6. 画摇杆的斜二测图

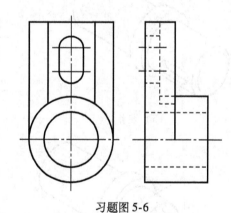

习题图 5-6

7. 正等测图与斜二测图两种轴测图有何区别?

项目六 画物体的剖视图和断面图

任务一 画轴的剖视图

任务描述：画图6-1（a）所示机件的剖视图。

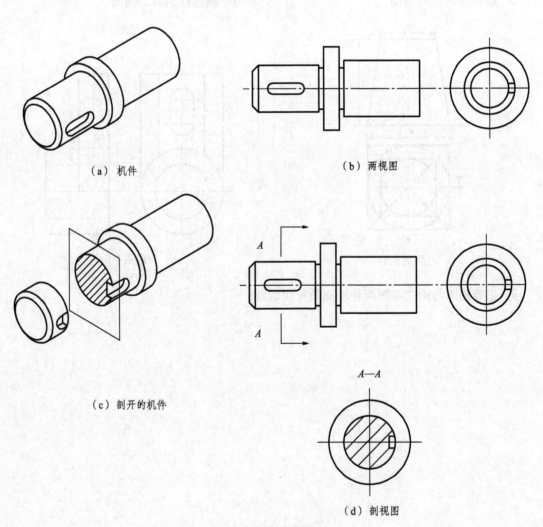

（a）机件

（b）两视图

（c）剖开的机件

$A—A$

（d）剖视图

图6-1 视图与剖视图

☞ 学一学　剖视图和断面图

1. 剖视图的基本概念

1）剖视图的形成

假想用剖切面剖开物体，将处在观察者和剖切面之间的部分移去，而将其余部分向投影面投射所得到的图形，称为剖视图，剖视图简称剖视，如图 6-2 所示。图 6-3 示出了视图与剖视的比较。

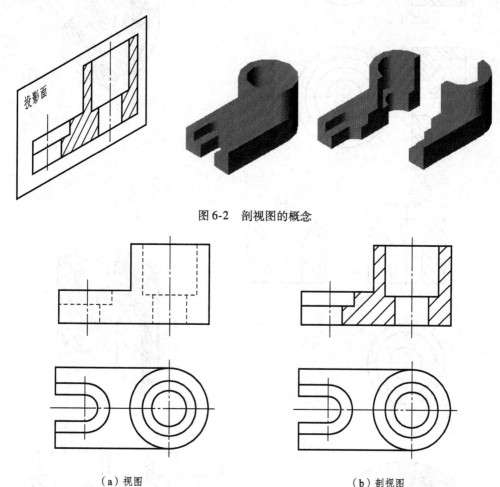

图 6-2　剖视图的概念

（a）视图　　　　　　　　　　　　　（b）剖视图

图 6-3　视图与剖视图的比较

2）剖视图的画法及标注

（1）剖视图的画法

画剖视图时，应注意以下几点：

① 剖切平面一般应通过机件的对称面或孔、槽的轴线、中心线，以便反映结构的真形，如图 6-4（a）"正确画法"图所示。

② 因为剖切是假想的，并不是真的把物体切开拿走一部分，因此，当一个视图画成剖视后，其余视图应按完整的物体画出，如图 6-4（b）所示。避免出现漏缺线，如图 6-5 是错误画法。

③剖切面后方的可见轮廓线应全部画出，不能遗漏，如图6-4（c）中主视图上漏画了圆柱孔的阶台面。

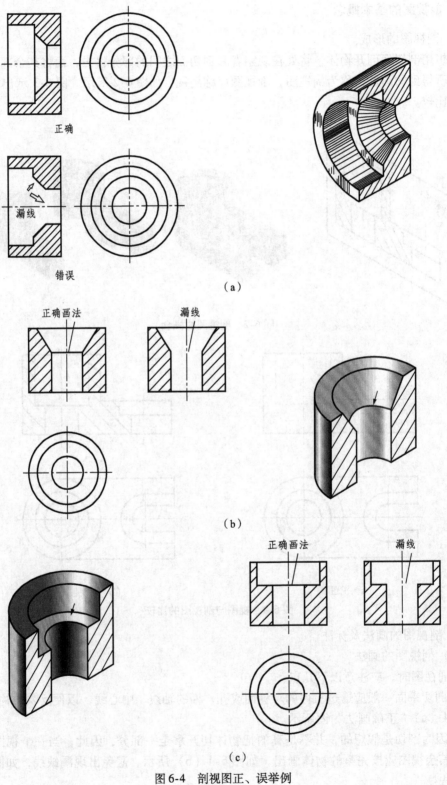

正确

漏线

错误

（a）

正确画法   漏线

（b）

正确画法   漏线

（c）

图6-4 剖视图正、误举例

④剖视图中一般不画不可见轮廓线。只有当需要在剖视图上表达这些结构时，才画出必要的虚线。

⑤根据需要可同时将几个视图画成剖视图，它们之间相互独立，互不影响，各有所用，如图6-6中主、俯视图都画成剖视图。

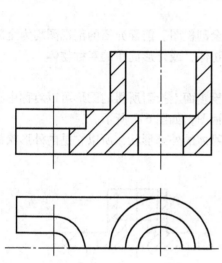

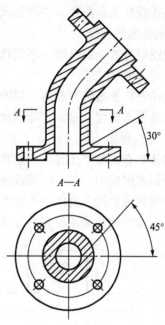

图6-5　其余视图应按完整物体画出（错误）　　　图6-6　主、俯视图都画成剖视图

⑥剖视图中的剖切平面与物体接触处应画上剖面符号。国家标准中规定了各种材料的剖面符号，用金属材料制造的物体，其剖面符号应画成与水平线成45°且间距相等的细实线，称为剖面线；同一物体中，各剖视图中的剖面线应间距相等、方向相同。各种材料的剖面符号如表6-1所示。

表6-1　各种材料的剖面符号

材料名称	剖面符号	材料名称	剖面符号
金属材料（已有规定剖面符号者除外）		木质胶合板（不分层次）	
线圈绕组元件		基础周围的泥土	
转子、电枢、变压器和电抗器等的叠钢片		混凝土	
非金属材料（已有规定剖面符号者除外）		钢筋混凝土	
型砂、填砂、粉末冶金、砂轮、陶瓷刀片、硬质合金刀片等		砖	
玻璃及供观察用的其他透明材料		格网（筛网、过滤网等）	
木材　　纵剖面		液体	

（2）剖视图的标注

一般应在剖视图上方用字母标出剖视图的名称"×—×"，在相应视图上用剖切符号表示剖切位置，用箭头表示投射方向，并注上同样的字母。当剖视图按投影关系配置，中间又没有其他图形隔开时，可省略箭头。当单一剖切平面通过物体的对称平面或基本对称平面，且剖视图按投影关系配置，中间又没有其他图形隔开时，可省略标注。

3）剖视图的种类

剖视图可分为全剖视图、半剖视图、局部剖视图和阶梯剖视图。

（1）全剖视图

用剖切面完全地剖开物体所得的剖视图，称为全剖视图。前面介绍的剖视图均为全剖视图。全剖视图主要用于表示内部形状复杂的不对称物体，或外形简单的对称物体。

（2）半剖视图

当物体具有对称平面时，向垂直于对称平面的投影面上投射所得的图形可以对称中心为界，一半画成剖视图，另一半画成视图，称为半剖视图，如图6-7所示。

半剖视图既表达了物体的内部形状，又保留了物体的外部形状，所以它是内外形状都比较复杂的对称物体常采用的表达方法。

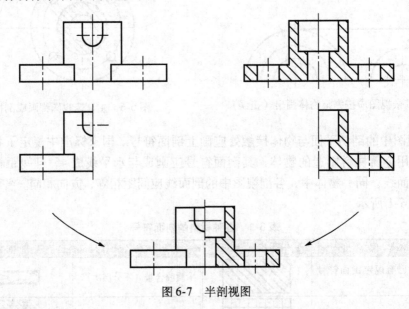

图6-7　半剖视图

（3）局部剖视图

用剖切面局部地剖开物体所得的剖视图，称为局部剖视图。

局部剖视图既能把物体局部的内部形状表达清楚，又能保留物体的某些外形，是一种很灵活的表达方法。局部剖视图以波浪线为界，波浪线不应与轮廓线重合（或用轮廓线代替），也不能超出轮廓线之外。

（4）阶梯剖视图

阶梯剖视图是指两个或两个以上平行的剖切平面，并且要求各剖切平面的转折处必须是直角，如图6-8所示。

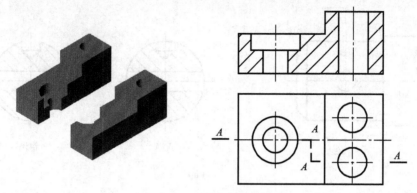

图6-8　阶梯剖视图

2. 断面图

1）断面图的概念

假想用剖切面将物体的某处切断，仅画出该剖切面与物体接触部分的图形，称为断面图，简称断面，如图6-9（a）所示。

断面图与剖视图不同之处是：断面图仅画出物体被切断面的图形，而剖视图则要求除了画出物体被切断面的图形外，还要画出剖切面以后的所有部分的投影。

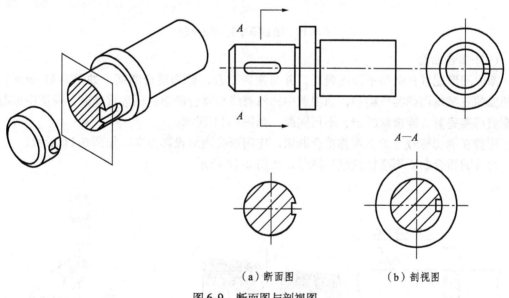

（a）断面图　　　　　　　（b）剖视图

图6-9　断面图与剖视图

2）断面图的分类及画法

断面图按其图形所处位置不同，分为移出断面图和重合断面图两种。

（1）移出断面图

画在视图轮廓之外的断面图，称为移出断面图，如图6-9（a）所示。

移出断面的轮廓线用粗实线绘制，在断面上画出剖面符号。移出断面应尽量配置在剖切线的延长线上，必要时也可画在其他适当位置。当剖切平面通过回转面形成的孔或凹坑的轴线时，这些结构应按剖视图绘制，如图6-10所示。

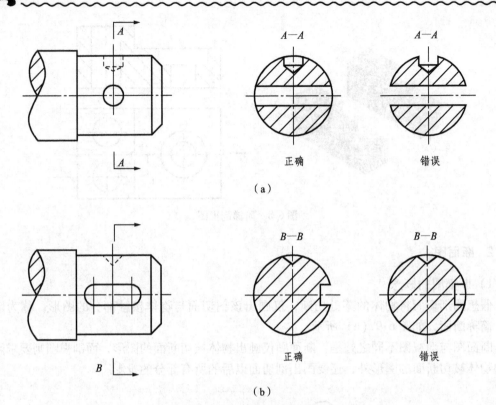

（a）

（b）

图 6-10　断面图按剖视图绘制

（2）重合断面

　　断面图形配置在剖切平面迹线处，并与视图重合，称为重合断面，如图 6-11 所示。重合断面的轮廓线用细实线绘制，当视图中的轮廓线与重合断面的图形重叠时，视图中原有的轮廓线仍需完整、连续地画出，不可间断，如图 6-11 所示。

　　配置在剖切符号上的不对称重合断面，应用箭头表示投影方向，如图 6-11 所示。

　　对称的重合断面不必标注剖切符号，如图 6-12 所示。

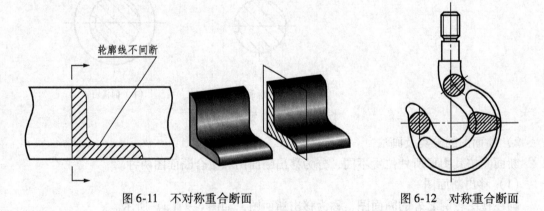

图 6-11　不对称重合断面　　　　　　图 6-12　对称重合断面

习题与思考

1. 画出习题图6-1～习题图6-3所示所物体的剖视图。

(1)　　　　　　　　　　　　　　　　　　　(2)

习题图6-1　　　　　　　　　　　　　　习题图6-2

(3)

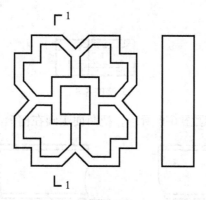

习题图6-3

2. 画出如习题图6-4所示钢筋混凝土梁的1-1、2-2的断面图。

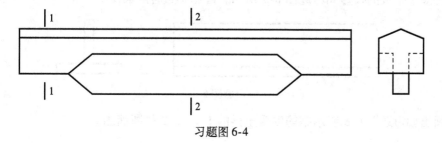

习题图6-4

3. 画出如习题图 6-5 所示钢筋混凝土牛腿柱的 5-5、6-6 的断面图。

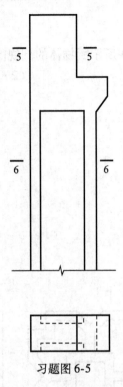

习题图 6-5

4. 已知槽钢的投影如习题图 6-6 所示，把断面图画在槽钢的中断处。

习题图 6-6

5. 已知丁字板的投影如习题图 6-7 所示，画出其重合断面图。

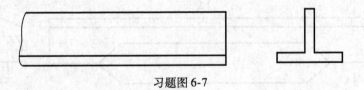

习题图 6-7

6. 画出如习题图 6-8 所示钢筋混凝土梁的 1-1、2-2 的断面图。

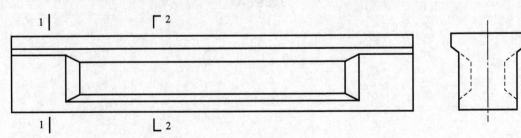

习题图 6-8

学习范畴二　计算机辅助设计与绘图

项目七　AutoCAD 基本知识

教学提示：熟悉 AutoCAD 绘图界面和掌握其基本操作是 AutoCAD 绘图技术的基本前提。

教学目标：通过本项目的学习，要求学生了解 AutoCAD 绘图界面的组成和各组成部分的功能，同时掌握一些常用的基本操作等。

任务一　认识绘图界面

要想利用 AutoCAD 顺利地进行工程设计，用户首先要学会怎样与绘图程序对话，即如何下达命令和产生错误后怎样处理等。其次要熟悉 AutoCAD 窗口界面，并了解组成 AutoCAD 程序窗口的每一部分的功能。

☞ 学一学　AutoCAD 中文版的显示界面

1. 屏幕布局

屏幕布局指的是作图区、菜单区、命令提示和信息反馈区、系统当前状态显示区等区域的位置及其大小。启动 AutoCAD 2006 后，其工作界面如图 7-1 所示，它主要由标题栏、绘

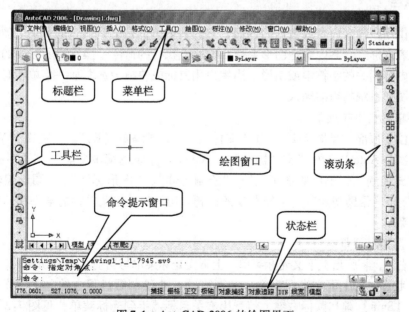

图 7-1　AutoCAD 2006 的绘图界面

图窗口、菜单栏、工具栏、命令提示窗口、滚动条和状态栏等部分组成；下面分别介绍各部分的功能。

2. 标题栏

标题栏在程序窗口的最上方，它显示了 AutoCAD 的程序图标及当前所操作的图形文件名及路径。与一般的 Windows 应用程序相似，用户可通过标题栏最右边的 3 个按钮最小化、最大化和关闭 AutoCAD。

3. 绘图窗口

绘图窗口是用户绘图的工作区域，图形将显示在绘图窗口中；该区域左下方有一个表示坐标系的图标，它指示了绘图区的方位。图标中“X”、“Y”字母分别指示 X 轴和 Y 轴的正方向。默认情况下，AutoCAD 使用世界坐标系。若有必要，用户也可通过 UCS 命令建立自己的坐标系。

当移动鼠标时，绘图区域中的“十”字形光标会跟随移动，与此同时在绘图区底部的状态栏中将显示光标点的坐标读数。请注意观察坐标读数的变化，此时的显示方式是“X，Y，Z”坐标系形式，如果想让坐标读数不变动或以极坐标形式（距离＜角度）显示，可连续按【F6】键来实现。注意，坐标的极坐标显示形式只有在系统提示“拾取一个点”时才能得到。

绘图窗口包含了两种绘图环境：一种称为模型空间；另一种称为图纸空间。在此窗口底部有 3 个选项卡 模型 布局1 布局2 ，默认情况下【模型】选项卡是按下的，表明当前绘图环境是模型空间，用户在这里一般按实际尺寸绘制二维或三维图形。当单击【布局 1】或【布局 2】选项卡时，就切换至图纸空间。用户可以将图纸空间想象成一张图纸（系统提供的模型图纸），用户可在这张图纸上将模型空间的图样按不同缩放比例布置在图纸上。

4. 菜单栏

菜单是供用户输入命令或数据的界面，它的基本单位是菜单项。每个菜单项都有自己的工作内容和表现形式，其内容是图形系统当前所能执行的命令、操作或所需要的数据，其形式是与工作内容相关的字符串或图形。当用户用鼠标或快捷键选取某一菜单项时，该菜单项的内容就是图形系统的当前输入。

（1）菜单栏与下拉菜单

菜单栏位于顶部（见图 7-1），由“文件（F）”、“编辑（E）”、“视图（V）”等项组成。它们依次是 AutoCAD 的“文件操作”、“Windows 系统的编辑功能”、“显示控制”、“块操作”、“格式控制”、“辅助绘图工具”、“绘制实体”、“图形标注”、“图形编辑与修改”、“窗口控制”和“帮助功能”的下拉菜单的标题。用鼠标单击菜单栏的某一项，将弹出该项对应的下拉菜单。

（2）光标弹出菜单

按鼠标右键，将弹出上下文光标菜单。上下文光标菜单与当前状态密切相关，图 7-2（a）为“命令”状态时的上下文光标菜单，图 7-2（b）为绘制圆过程中的上下文光标菜单。如果同时按下【Shift】键和鼠标右键，将弹出有关目标捕捉到光标菜单，见图 7-2（c）。

　（a）　　　　　　　　　（b）　　　　　　　　　（c）

图 7-2　光标菜单

5. 工具栏

工具栏提供了访问 AutoCAD 命令的快捷方式，它包含了许多命令按钮，只需单击某个按钮，AutoCAD 就会执行相应命令，【绘图】工具栏如图 7-3 所示。

图 7-3　【绘图】工具栏

AutoCAD 2006 提供了 30 多个工具栏，默认状态下，系统仅显示【标准】、【样式】、【图层】、【对象特性】、【绘图】和【修改】6 个工具栏。其中，前 4 个工具栏放在绘图区域的上边，后两个工具栏放在绘图区域的左边及右边。如果用户想将工具栏移动到窗口的其他位置，可移动光标箭头到工具栏边

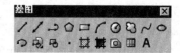

图 7-4　移动并改变形状的【绘图】工具栏

缘，然后按下鼠标左键，此时工具栏边缘将出现一个灰色矩形框，继续按住左键并移动光标，工具栏就随着光标移动。此外，也可以改变工具栏的形状，将光标放置在拖出的工具栏的上边缘或下边缘，此时光标变成双向箭头，按住鼠标左键，拖动光标，工具栏形状就发生变化。移动并改变其形状后的【绘图】工具栏如图 7-4 所示。除了移动工具栏及改变其形状外，还可以根据需要打开或关闭工具栏。

6. 命令提示窗口

命令提示窗口位于 AutoCAD 2006 绘图界面的底部，用户从键盘上输入的命令、系统的提示及相关信息都反映在此窗口中，该窗口是用户与系统进行命令交互的窗口。默认情况下，命令提示窗口仅显示 3 行，但用户也可根据需要改变它的大小。将光标放在命令提示窗口的上边缘使其变成双向箭头，按住鼠标左键向上拖动光标就可以增加命令窗口显示的行数。

用户应特别注意命令提示窗口中显示的文字，因为它是系统与用户的对话内容，这些信息记录了系统与用户的交流过程。如果要详细了解这些信息，可以通过窗口右边的滚动条来

阅读，或是按【F2】键打开命令提示窗口，如图7-5所示。在此窗口中将显示更多的命令历史，再次按【F2】键就可以关闭此窗口。

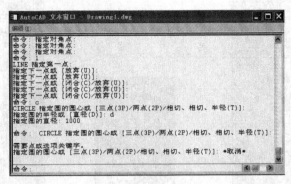

图7-5　命令提示窗口

7. 滚动条

AutoCAD 2006是一个多文档设计环境，用户可以同时打开多个绘图窗口，其中每个窗口的右边及底边都有滚动条。拖动滚动条上的滑块或单击两端的箭头就可以使用绘图窗口中的图形沿水平或垂直方向滚动显示。

8. 状态栏

绘图过程中的许多信息都将在状态栏中显示出来。例如，十字形光标的坐标值及一些提示文字等。另外，状态栏中还含有9个控制按钮，如图7-6所示；各按钮的功能如下：

图7-6　状态栏

> 捕捉　单击此按钮就能控制是否使用"捕捉"功能。当打开这种模式时，光标只能沿X轴和Y轴移动，每次位移的距离可在【草图设置】对话框中设定。右键单击"捕捉"按钮，弹出快捷菜单，选择【设置】选项，打开【草图设置】对话框，如图7-6所示，在【捕捉和栅格】选项卡的【捕捉】分组框中设置光标位移的距离。

> 栅格　通过此按钮可打开或关闭"栅格"显示。当显示栅格时，屏幕上的某个矩形区域内将出现一系列排列规则的小点，这些点的作用类似于手工作图时代的方格纸，将有助于绘图定位。小点所在区域的大小由LIMITS命令设定，它们沿X轴、Y轴的间距在【草图设置】对话框中【捕捉和栅格】选项卡的【栅格】分组框中设置，如图7-7所示。

> 正交　利用它控制是否以正交方式绘图。如果打开此模式，用户就只能绘制出水平或竖直直线。

> 极轴　利用此按钮可以打开或关闭极坐标捕捉模式。

> 对象捕捉　打开或关闭自动捕捉实体模式。如果打开此模式，则在绘图过程中系统将自动捕捉圆心、端点及中心点等几何点。用户可在【草图设置】对话框的【对象捕捉】选项卡中设定自动捕捉方式。

> 对象追踪　此按钮可以控制是否使用自动追踪功能。

图 7-7 【草图设置】对话框

➢ DYN 打开或关闭动态输入和动态提示。当打开动态输入及动态提示并启动命令后，在光标附件就显示出命令提示信息、点的坐标值、线段的长度及角度等。此时，可直接在命令提示信息中选择命令选项或是输入坐标、长度及角度等参数。

➢ 线宽 控制是否在图形中显示带宽度的线条。

➢ 模型 当处于模型空间时，单击此按钮就可切换到图纸空间，按钮也变为"图纸"，再次单击它，就进入浮动模型视口。浮动模型视口是指在图纸空间的模拟图纸上创建的可移动视口，通过该视口就可以观察到模型空间的图形，并能进行绘图及编辑操作。用户可以改变浮动模型视口大小，还可将其复制到图纸的其他地方。进入图纸空间后，系统将自动创建一个浮动模型视口，若要激活它，单击"图纸"按钮即可。

做一做 对各种工具栏的调用以及对状态栏的设置。启动 AutoCAD 2006，将工作界面重新布置成如图 7-8 所示的界面。

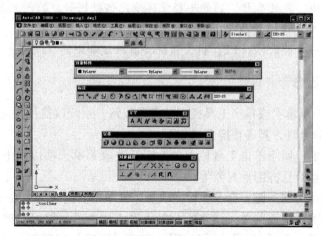

图 7-8 重新布置工作界面

任务二 AutoCAD 2006 的基本操作

调用 AutoCAD 的绘图命令、选择对象的方法、删除对象的方法、快速缩放、移动图形及全部缩放图形、重复命令和取消已执行的操作，以及绘图环境的设置等是绘制一个简单图形必备的一些基本操作。

☞ 学一学 1 绘图命令的调用

调用 AutoCAD 命令的方法一般有两种：一种方法是在命令行中输入命令全称或简称；另一种方法是用鼠标选择一个菜单项或单击工具栏上的命令按钮。

1. 使用键盘发出命令

在命令行中输入命令全称或简称就可以使系统执行相应命令。

例如，执行一个调用绘制圆的命令的过程如下：

命令：CIRCLE　　　　　　//输入命令全称 CIRCLE 或简称 C，按【Enter】键

CIRCLE 指定圆的圆心或 ［三点(3P)/两点(2P)/相切、相切、半径(T)］：50,100

　　　　　　　　　　//输入圆心的 X、Y 坐标，按【Enter】键

指定圆的半径或 ［直径(D)］ <50 >：100　　　//输入圆半径，按【Enter】键

🐝 注意

- ◆ 方括弧 "［］" 中以 "/" 隔开的内容表示各个选项；若要选择某个选项，则需输入圆括号中的内容，其中，字母可以大写，也可以是小写形式。例如，想通过两点画圆，就输入 "2P"。
- ◆ 尖括号 "< >" 中的内容是当前的默认值。
- ◆ AutoCAD 的命令执行过程是交互式的，当用户输入命令后，需按【Enter】键确认，系统才执行该命令。而执行过程中，系统有时要等待用户输入必要的绘图参数，如输入命令选项、点的坐标、圆的半径或其他几何数据等，输入完成后，也要按【Enter】键，系统才能继续执行下一步操作。
- ◆ 当在使用某一命令时按【F1】键，系统将显示该命令的帮助信息。

2. 使用鼠标发出命令

用鼠标选择一个菜单项或单击工具栏上的命令按钮，系统就执行相应的命令。

当用鼠标发出命令时，其各按键定义如下：

- 左键　拾取键，用于单击工具栏上的按钮及选取菜单选项以发出命令，也可在绘图过程中指定点及选择图形对象等。
- 右键　一般作为回车键，命令执行完成后，常单击右键来结束命令。在有些情况下，单击右键将弹出快捷菜单，该菜单上有【确认】选项。鼠标右键的功能是可以设定的，选取菜单命令【工具】/【选项】，打开【选项】对话框，如图 7-9 所示，用户可以在对话框【用户系统配置】选项卡的【Windows 标准】分组框中自定义鼠标右键的功能。

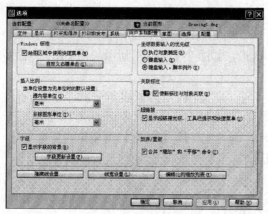

图 7-9 【选项】对话框

☞ **学一学 2　选择对象的方法**

使用编辑命令时选择的对象将构成一个选择集。系统提供了多种构造选择集的方法。默认情况下，用户可以逐个地拾取对象，或是利用矩形窗口和交叉窗口一次选取多个对象。

1. 用矩形窗口选择对象

当系统提示选择要编辑的对象时，用户在图形元素左上角或左下角单击一点，然后向右拖动光标，AutoCAD 显示一个实线矩形窗口，让此窗口完全包含要编辑的图形实体，再单击一点，矩形窗口中所有对象（不包括与矩形边相交的对象）被选中，被选中的对象将以虚线形式表示出来。

做一做　用矩形窗口选择对象。

打开文件"练习 1. dwg"，如图 7-10 左图所示。用 ERASE 命令将左图修改为右图。
命令：_erase
选择对象：　　　　　　　//在 A 点处单击一点，如图 7-10（a）所示
指定对角点：找到 3 个　　//在 B 点处单击一点
选择对象：　　　　　　　//按【Enter】键结束，结果如图 7-10（b）所示。

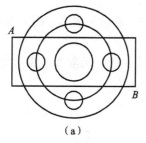

（a）

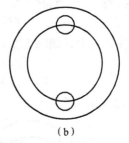

（b）

图 7-10　用矩形窗口选择对象

2. 用交叉窗口选择对象

当 AutoCAD 提示"选择对象时，在要编辑的图形元素右上角或右下角单击一点，然后向左拖动光标，此时 AutoCAD 显示一个虚线矩形窗口，使该矩形框包含被编辑对象的一部分，而让其余部分与矩形框边相交，再单击一点，则框内的对象及与框边相交的对象全部被选中。

做一做　用交叉窗口选择对象。

打开文件"练习1. dwg"，如图7-11（a）所示。用ERASE命令将左图修改为右图。

命令：_erase

选择对象：　　　　　　　　//在 C 点处单击一点，如图7-11（a）所示

指定对角点：找到5个　　　//在 D 点处单击一点

选择对象：　　　　　　　　//按【Enter】键结束

结果如图7-11右图所示。

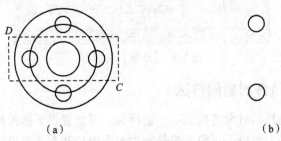

（a）　　　　　　　　　　　　　　　　　（b）

图7-11　用交叉窗口选择对象

3. 给选择集添加或去除对象

编辑过程中，用户构造"选择集"常常不能一次完成，需要向"选择集"中添加或从"选择集"中删除对象。在添加对象时，可直接选取或利用矩形窗口、交叉窗口选择要加入的图形元素；若要删除对象，可按住【Shift】键，再从"选择集"中选择要清除的图形元素。

做一做　修改选择集。

打开文件"练习1. dwg"，如图7-12（a）所示。用ERASE命令将左图修改为右图。

命令：_erase　　　　　　　//在 A 点处单击一点，如图7-12（a）所示

选择对象：定对角点：找到5个

　　　　　　　　　　　　　//在 B 点处单击一点

选择对象：找到1个，删除1个，总计4个

　　　　　　　　　　　　　//按住【Shift】键，选取元素 C，该元素从选择集中去除

选择对象：找到1个，删除1个，总计3个

　　　　　　　　　　　　　//按住【Shift】键，选取元素 D，该元素从选择集中去除

选择对象：找到1个，删除1个，总计2个

　　　　　　　　　　　　　//按住【Shift】键，选取元素 E，该元素从选择集中去除

选择对象：　　　　　　　　//按【Enter】键结束

结果如图7-12（b）所示。

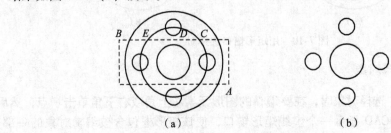

（a）　　　　　　　　　　　　　　　　　（b）

图7-12　修改选择集

☞ 学一学3　删除对象的方法

ERASE 命令用来删除图形对象，该命令没有任何选项。要删除一个对象，用户可以用光标先选择该对象，然后单击【修改】工具栏上的按钮，或者输入命令 "ERASE"（命令简称 E）。也可以先发出删除命令，再选择要删除的对象。

做一做　利用【修改】工具栏上的按钮或命令 ERASE 来删除图形对象。

☞ 学一学4　快速缩放及移动对象的方法

AutoCAD 2006 的图形缩放及移动功能是很完备的，使用起来也很方便。在绘图时，经常通过【标准】工具栏上的、按钮来完成这两项功能。

1. 通过 按钮缩放图形

单击按钮，AutoCAD 进入实时缩放状态，光标变成放大镜形状，此时按住鼠标左键并拖动光标，就可以放大视图；向下拖动光标就缩小视图。要退出实时缩放状态，可按【Esc】键、【Enter】键，或单击鼠标右键打开快捷菜单，选择【退出】选项。

2. 通过 按钮平移图形

单击按钮，AutoCAD 进入实时平移状态，光标变成手的形状；此时按住鼠标左键并拖动光标，就可以平移视图。要退出实时平移状态，可按【Esc】键、【Enter】键，或单击鼠标右键打开快捷菜单，选择【退出】选项。

做一做　利用【标准】工具栏上的、按钮移动和缩放图形。

☞ 学一学5　设置绘图环境

1. 设置图纸区域大小

AutoCAD 的绘图空间是无限大的，但用户可以设置在程序窗口中显示出的绘图区域的大小。绘图时，事先对绘图区大小进行设置将有助于用户了解图形分布的范围。

设置绘图区域的大小有下面两种方法。

（1）将一个圆充满整个程序窗口显示出来，依据圆的尺寸就能轻易估计出当前绘图区的大小。

做一做　设置绘图区域大小。

在命令提示窗口中输入：CIRCLE
命令：_CIRCLE 指定圆的圆心或 ［三点(3P)/两点(2P)/相切、相切、半径(T)］：
　　　　　　　　　　　　　//在屏幕的适当位置单击一点
指定圆的半径或 ［直径(D)］：100 　　//输入圆的半径
选取菜单命令【视图】/【缩放】/【范围】，或单击【标准】工具栏上的按钮，直径为 200 的圆充满整个绘图窗口显示出来，如图 7-13 所示。

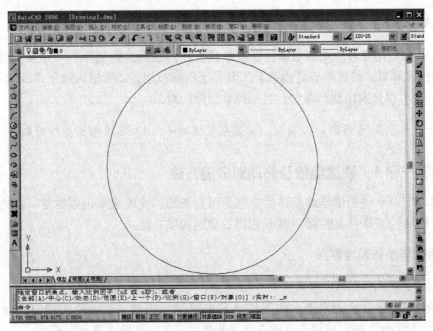

图 7-13 设置绘图区域大小

（2）用"LIMITS"命令设置绘图区域大小，该命令可以改变格栅的长宽尺寸及位置。所谓格栅是点在矩形区域中按行、列形式分布形成的图案，如图 7-14 所示。当格栅在程序窗口中显示出来后，用户就可以根据格栅分布的范围估算出当前绘图区的大小了。

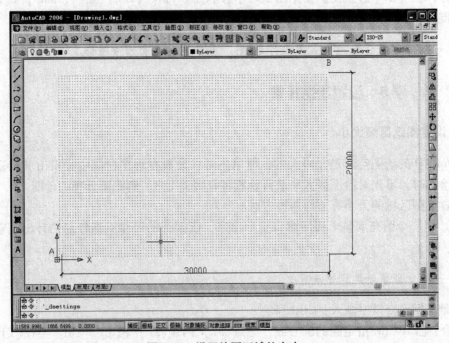

图 7-14 设置绘图区域的大小

做一做 用 LIMITS 命令设置绘图区大小。

选取菜单命令【格式】／【图形界限】或在命令提示窗口中输入：LIMITS

命令：_limits

指定左下角点或［开（ON）/关（OFF）］<0. 0000，0. 0000>：

　　//单击 A 点或不输入为默认，如图 7-14 所示

指定右上角点<420. 0000，297. 0000>：@30 000，20 000

　　//单击 B 点相对于 A 点的坐标，按【Enter】键

选取菜单命令【视图】/【缩放】/【范围】，或单击【标准】工具栏上的按钮，则当前绘图窗口长宽尺寸近似为 30 000×20 000。

若想查看已设定的绘图区域范围，可单击程序窗口下边的"栅格"按钮，打开格栅显示，该格栅的长宽尺寸为：30 000×20 000，如图 7-14 所示。图中格栅沿 X 轴、Y 轴的间距为 500，若太小，则显示不出来。格栅间距可以在【工具】/【草图设置】/【捕捉和格栅】里设置。

2. 设置图形单位

在 AutoCAD 中，用户可以采用 1∶1 的比例因子绘图，因此，所有的直线、圆和其他对象都可以以真实大小来绘制。例如，如果一个零件长 200cm，那么它也可以按 200cm 的真实大小来绘制，在需要打印出图时，再将图形按图纸大小进行缩放。

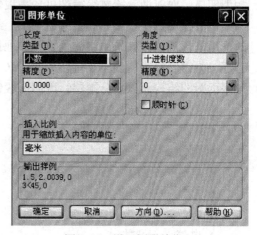

在 AutoCAD 2006 中，用户可以设置绘图时使用的长度单位、角度单位，以及单位的显示格式和精度等参数。选取菜单命令【格式】/【单位】/【图形单位】，或在命令提示窗口中输入命令：UNITS，则出现如图 7-15 所示的图形单位对话框。

在"长度"和"角度"下选择角度类型和精度。

要指定角度测量方向，请选择"方向"，然后在"方向控制"对话框中选择基准角度。角度方向将控制 AutoCAD 测量角度的起点和测量方向。

图 7-15　设置图形单位

默认起点角度为"0"度，朝向 3 点钟方向（正东），并且正角度测量按逆时针方向。如果选择了"其他"，用户可以输入角度，或者选择"拾取角度"然后使用定点设备指定零角度方向。

单击"确定"按钮，退出所有对话框。

3. 设置图层

AutoCAD 图层是透明的电子图纸，画在这些电子图纸上的用户的各种类型的图形元素，AutoCAD 会将它们叠加在一起显示出来，如图 7-16 所示。建立图层的目的是为了便于对图形进行管理与操作。例如，一张电气平面图上有建筑平面图、线槽（桥架）、电管、导线、灯具、配电箱、插座、尺寸、标注、文字等内容。如果在绘制建筑平面图的时候，将这些内容分别放在不同的一些图层上，那么利用图层的特点就可以做到只显示所关心的某些内容。这样，不仅便于对图形进行编辑，也可以做到一图多用。

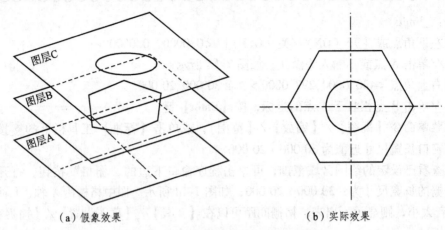

（a）假象效果　　　　　　（b）实际效果

图 7-16　图层的假象效果和实际效果

用 AutoCAD 绘图时，图形元素处于某个图层上，默认情况下，当前层是 0 层。若没有切换至其他图层，则所画图形在 0 层上。每个图层都有与其相关联的颜色、线型及线宽等属性信息，用户可以对这些信息进行设定和修改。当在某一层上作图时，生成的图形元素颜色、线型、线宽就与当前层的设置完全相同（默认情况）。对象的颜色将有助于辨别图样中相似实体，而线型、线宽等特性可轻易地表示出不同类型的图形元素。

图层是用户管理图样的强有力工具。绘图时应考虑将图样划分为哪些图层以及按什么样的标准进行划分。如果图层的划分较合理且采用了良好的命名，则会使图形信息更清晰、更有序，为以后修改、观察及打印图样带来了很大便利。例如，对于电气平面图常根据组成电气平面图的结构元素划分图层，因而一般创建一下图层。

- 电气——线槽（桥架）
- 电气——电管
- 电气——导线
- 电气——灯具
- 电气——插座
- 电气——配电箱
- 电气——开关
- 电气——文字标注
- 电气——建筑平面图

做一做 1　创建图层。

单击【图层】工具栏上的 ▨ 按钮，打开【图层特性管理器】对话框，再单击 ▨ 按钮，列表框显示出名为"图层 1"的图层。直接输入"电气—线槽（桥架）"，按【Enter】键结束。再次按【Enter】键，又创建新图层，结果如图 7-17 所示。

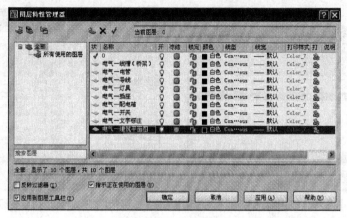

图 7-17　创建图层

注意

◆ 图层 "0" 前有绿色标记 "√"，表示该图层是当前层，其他图层名称前有白色的图标，表明这些图层上没有任何图形对象，否则图标的颜色将变为蓝色。

◆ 若在【图层特性管理器】对话框的列表中事先选中一个图层，然后单击 按钮或按【Enter】键，则新图层与被选中的图层具有相同的颜色、线型及线宽等设置。

做一做 2　指定图层颜色。

在【图层特性管理器】对话框中选中图层，单击图层列表中与所选图层关联的图标 ■白色，此时系统打开【选择颜色】对话框，如图 7-18 所示。通过此对话框可以选择所需的颜色。

做一做 3　设置图层的线型。

在【图层特性管理器】对话框中选中图层，在该对话框图层列表框的【线型】列中显示了与图层相关联的线型，默认情况下，图层线型是 "Continuous"，单击 "Continuous"，打开【选择线型】对话框，如图 7-19 所示，通过此对话框用户可以选择一种线型或从线型库文件中加载更多的线型。

图 7-18　【选择颜色】的对话框

单击 加载(L)... 按钮，打开【加载或重载线型】对话框，如图 7-20 所示。该对话框列出了线型文件中包含的所有线型，用户在列表中选中所需的一种或几种线型，再单击 确定 按钮，这些线型就被加载到系统中。当前线型文件是 "acadiso.lin"，单击 文件(F)... 按钮，可选择其他的线型库文件。

做一做 4　设置图层的线宽。

在【图层特性管理器】对话框中选中图层，单击图层列表【线宽】列中的图标 ——默认，打开【线宽】对话框，如图 7-21 所示，通过此对话框可设置线宽。

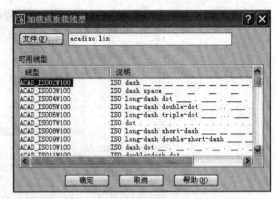

图 7-19 【选择线型】对话框　　　　　　图 7-20 【加载或重载线型】对话框

如果要使图形对象的线宽在模型空间中显示得更宽或更窄一些，可以调整线宽比例。在状态栏的"线宽"按钮上单击鼠标右键，弹出快捷菜单，从中选择【设置】选项，打开【线宽设置】对话框，如图 7-22 所示，在【调整显示比例】分组框中移动滑块可改变显示比例值。

图 7-21 【线宽】对话框　　　　　　　图 7-22 【线宽设置】对话框

做一做　绘制一个简单平面图形。

①启动 AutoCAD 2006。

②选取菜单命令【文件】/【新建】，打开【选择样板】对话框，如图 7-23 所示。在该对话框中列出了用于创建新图形的样板文件，默认的样板文件是"acadiso.dwt"。单击打开⑩按钮开始绘制新图形。

图 7-23 【选择样板】对话框

③按下程序窗口底部的"极轴"、"对象捕捉"及"对象追踪"按钮。注意，不要按下"DYN"按钮；若该按钮已处于按下状态，单击，使它弹起。

④单击程序窗口左边工具栏的╱按钮，命令提示栏提示：

命令：_line 指定第一点：　　　　//单击 A 点，如图 7-24 所示

指定下一点或［放弃(U)］：450　　//向下移动光标，输入线段长度并按【Enter】键

指定下一点或［放弃(U)］：300　　//向右移动光标，输入线段长度并按【Enter】键

指定下一点或［闭合(C)/放弃(U)］：200

　　　　　　　　　　　//向上移动光标，输入线段长度并按【Enter】键

指定下一点或［闭合(C)/放弃(U)］：100

　　　　　　　　　　　//向左移动光标，输入线段长度并按【Enter】键

指定下一点或［闭合(C)/放弃(U)］：c

　　　　　　　　　　　//输入选项"C"，按【Enter】键结束命令

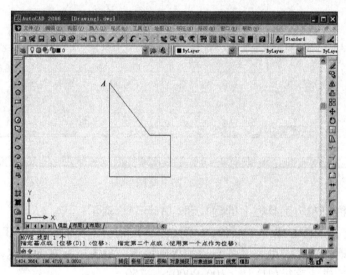

图 7-24　画线

⑤按【Enter】键重复画线命令，画线段 BC，如图 7-25 所示。

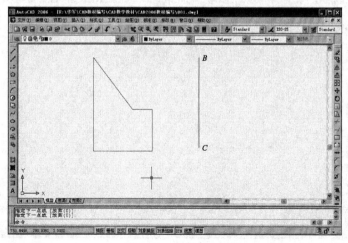

图 7-25　画线段 BC

⑥单击程序窗口上部的 $\mathcal{C}$ 按钮，线段 BC 消失，再单击该按钮，连续折线也消失。单击 $\mathcal{D}$ 按钮，连续折线又显示出来，继续单击该按钮，线段 BC 也显示出来。

⑦输入画圆的命令全称"CIRCLE"或简称"C"，AutoCAD 提示如下：

命令：c　　　　　　　　　　//输入命令，按【Enter】键确认

CIRCLE 指定圆的圆心或［三点(3P)/两点(2P)/相切、相切、半径(T)］：

　　　　　　　　　　　　　　//单击 D 点，指定圆心，如图 7-26 所示

指定圆的半径或［直径(D)］：100　　//输入圆半径，按【Enter】键确认

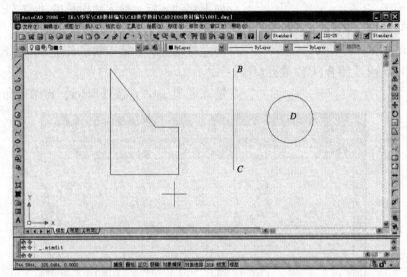

图 7-26　画圆

⑧单击程序窗口左边工具栏上的 $\oslash$ 按钮，AutoCAD 提示：

CIRCLE 指定圆的圆心或［三点(3P)/两点(2P)/相切、相切、半径(T)］：

//将光标移动到端点 E 处，系统自动捕捉到该点，单击鼠标左键确定，如图 7-27 所示

指定圆的半径或［直径(D)］＜100.0000＞：150

　　　　　　　　　　　　　　//输入圆半径，按【Enter】键确认

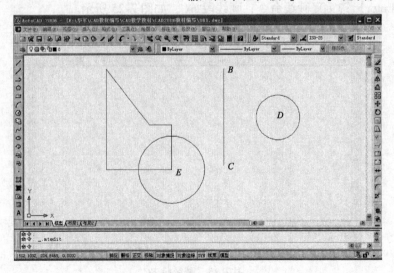

图 7-27　画圆

⑨单击程序窗口上部的　按钮，光标变成手的形状，按住鼠标左键向右拖动光标，直至图形不可见为止。按【Esc】键或【Enter】键退出。

⑩在程序窗口上部的　按钮上按下鼠标左键，弹出一个工具栏，继续按住左键并向下拖动光标至该工具栏的　按钮上松开，图形又全部显示在窗口中，如图 7-28 所示。

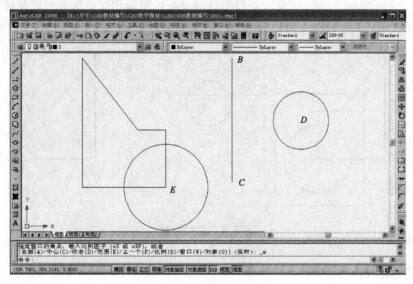

图 7-28　全部显示图形

⑪单击程序窗口上部的　按钮，按钮变成放大镜形状，此时按住鼠标左键向下拖动光标，图形缩小，如图 7-29 所示。按【Esc】键或【Enter】键退出。

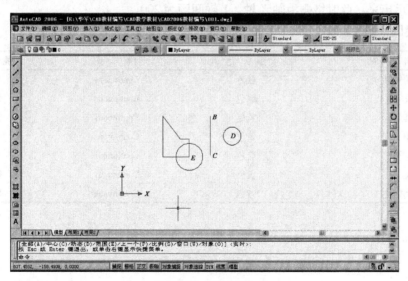

图 7-29　缩小图形

⑫单击程序窗口右边的　按钮（删除对象），AutoCAD 提示：

命令：_erase

选择对象：　　　　　　　//单击 F 点，如图 7-30 左图所示

指定对角点：找到 3 个　　//向右下方移动光标，出现一个实线矩形窗口，在 G 点处单击一点，矩形窗口内的对象被选中，被选对象变为虚线

选择对象：　　　　　　　//按【Enter】键删除对象

命令：ERASE　　　　　　//按【Enter】键重复命令

选择对象：　　　　　　　//单击 H 点

指定对角点：找到 2 个　//向左下方移动光标，出现一个虚线矩形窗口，在 I 点处单击
　　　　　　　　　　　　　一点，矩形窗口内及与该窗口相交的所有对象都被选中

选择对象：　　　　　　　//按【Enter】键删除圆和直线，如图 7-30 右图所示

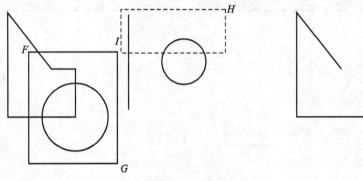

图 7-30　删除对象

习题与思考

1. 用 LIMITS 命令设置绘图区的大小为 10 000×8 000。

2. 单击状态栏的"栅格"按钮，再单击【标准】工具栏上的 按钮，使栅格充满整个图形窗口显示出来。此时格栅沿轴 X 轴、Y 轴间距为 200。

3. 创建以下图层。

名　称	颜　色	线　型	线　宽
电气—线槽（桥架）	红色	Continuous	0.5
电气—导线	绿色	Continuous	默认
电气—灯具	黄色	Continuous	默认
电气—插座	黄色	Continuous	默认
电气—配电箱	蓝色	Continuous	0.7
电气—开关	黄色	Continuous	默认
电气—文字标注	紫色	Continuous	默认

项目八 基本图形的绘制

教学提示：绘制与编辑图形是 AutoCAD 绘图技术的两大重点。能够快速、准确地绘制图形，关键在于熟练掌握绘图和编辑的方法、技巧。任何一张工程图纸，不论其复杂程度如何，都是由一些基本的图形组成的。在这一项目中主要通过示例介绍 AutoCAD 中绘制基本图形的命令和方法，以及一些作图过程中的技巧。

教学目标：通过本项目的学习，要求学生掌握基本图形对象的绘制方法。

任务一　绘制由线段构成的平面图形

直线是构成平面图形的最常见、最简单，也是最主要的图形元素，绘制直线的命令是 Line。执行一次画线命令 Line，可以一次画一条线段，也可以连续画多条线段（其中每一条线段都彼此独立）。

线段是由起点和终点来决定的。我们可以通过鼠标或键盘来决定其起点和终点。精确确定线段的起点和终点是绘图的关键。绘图时，可以通过输入点的坐标进行精确定位。在 AutoCAD 中，点的坐标可以用直角坐标、极坐标、球面坐标和柱面坐标表示，每一种坐标又分别具有两种坐标输入方式：绝对坐标和相对坐标。其中，直角坐标和极坐标最为常用。下面介绍它们的输入方法。

☞ 学一学 1　点（数据）的坐标输入方法

1. 直角坐标输入法

直角坐标分为绝对直角坐标和相对直角坐标。

（1）绝对直角坐标

某一点的位置相对于当前直角坐标原点的坐标值。例如，在命令行中输入点的坐标提示下，输入"30，50"，则表示点的 X 坐标值是 30，Y 坐标值是 50。

（2）相对直角坐标

某一点的位置相对前一点的坐标值。当知道某点与前一点的相对位置时可以使用相对坐标输入方式。点的相对坐标输入方法是：在命令行中"输入点的坐标"提示下，用户可以先输入一个表示相对坐标的标志@，再输入该点相对于前一点的 X 坐标值和 Y 坐标值，两值之间再用逗号隔开，如图 8-1 所示。

图 8-1　相对直角坐标输入格式

2. 极坐标输入法

极坐标是通过相对于极点的距离（长度）和角度表示的坐标。分为绝对极坐标和相对极坐标。一般情况下用不到绝对坐标，下面介绍相对极坐标的输入方法。

（1）绝对极坐标

某一点的位置相对于当前坐标原点（极点）的坐标值。它的输入方法是：在命令行中输入点的坐标提示下，用户可以输入一个长度值后跟一个"<"（角度）符号，再加一个角度值即可。例如，10 < 60，其中，长度10为该点到极坐标原点（极点）的距离，角度60为该点至原点连线与 X 正向的夹角（AutoCAD 是以逆时针方向来测量角度的，水平向右为0°或360°）。

（2）相对极坐标

某一点的位置相对于前一点的坐标值。当知道某点与前一点的相对位置时可以使用相对坐标输入方式。相对极坐标是以上一操作点为极点，而不是以用户坐标系的原点为极点。这就是相对极坐标和绝对极坐标的区别。其输入格式如图 8-2 所示。

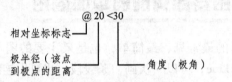

图 8-2　相对极坐标输入格式

做一做 1　用绝对直角坐标绘制图 8-3 的图形。

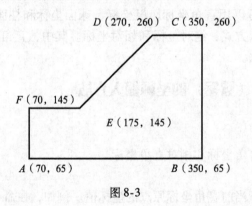

图 8-3

［做法］

首先调用【直线】命令，此时在命令提示窗口出现相关提示如下：

命令：_line 指定第一点：70,65 ↙　　　　　　（输入起点 A 点的绝对坐标）

指定下一点或 ［放弃(U)］：350,65 ↙　　　　　（输入 B 点的绝对坐标）

指定下一点或 ［放弃(U)］：350,260 ↙　　　　（输入 C 点的绝对直角坐标）

指定下一点或 ［闭合(C)/放弃(U)］：270,260 ↙　　（输入 D 点的绝对直角坐标）

指定下一点或 ［闭合(C)/放弃(U)］：175,145 ↙　　（输入 E 点的绝对直角坐标）

指定下一点或 ［闭合(C)/放弃(U)］：70,145 ↙　　（输入 F 点的绝对直角坐标）

指定下一点或 ［闭合(C)/放弃(U)］：C ↙　　　　（使图形闭合，闭合至 A 点）

做一做2　用相对直角坐标绘制图8-3的图形。

［做法］

首先调用【直线】命令，此时在命令提示窗口出现相关提示如下：

命令：_line 指定第一点：70,65 ✓	（输入起点 A 点的绝对直角坐标）
指定下一点或 ［放弃(U)］：@280,65 ✓	（输入 B 点的相对直角坐标）
指定下一点或 ［放弃(U)］：@195,65 ✓	（输入 C 点的相对直角坐标）
指定下一点或 ［闭合(C)/放弃(U)］：@−80,65 ✓	（输入 D 点的相对直角坐标）
指定下一点或 ［闭合(C)/放弃(U)］：@−95,−115 ✓	（输入 E 点的相对直角坐标）
指定下一点或 ［闭合(C)/放弃(U)］：@−105,145 ✓	（输入 F 点的相对直角坐标）
指定下一点或 ［闭合(C)/放弃(U)］：C ✓	（使图形闭合，闭合至 A 点）

做一做3　用相对极坐标绘制图8-4的图形。

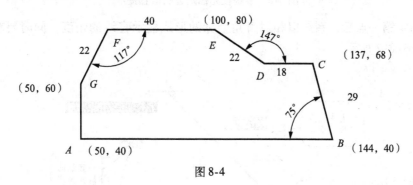

图 8-4

［做法］

首先调用直线命令，此时在命令提示窗口出现相关提示：

命令：_line 指定第一点：50,40 ✓	（输入起点 A 点的绝对直角坐标）见图8-4
指定下一点或 ［放弃(U)］：@95<0 ✓	（输入 B 点的相对极坐标）
指定下一点或 ［放弃(U)］：@29<105 ✓	（输入 C 点的相对极坐标）
指定下一点或 ［闭合(C)/放弃(U)］：@18<180 ✓	（输入 D 点的相对极坐标）
指定下一点或 ［闭合(C)/放弃(U)］：@22<147 ✓	（输入 E 点的相对极坐标）
指定下一点或 ［闭合(C)/放弃(U)］：@40<180 ✓	（输入 F 点的相对极坐标）
指定下一点或 ［闭合(C)/放弃(U)］：@22<243 ✓	（输入 G 点的相对极坐标）
指定下一点或 ［闭合(C)/放弃(U)］：C ✓	（使图形闭合，闭合至 A 点）

☞ 学一学2　点（数据）的动态输入方法

（1）单击状态栏上的"DYN"按钮或按动【F12】功能键，打开动态数据输入功能，如图8-5所示。

（2）启动绘图命令，系统在光标附近显示命令提示信息、光标点的坐标值，如图8-6所示。

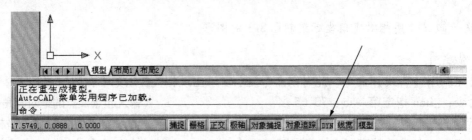

图 8-5　打开动态数据输入功能

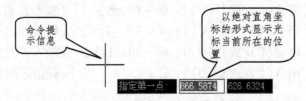

图 8-6　系统在光标附近的信息提示

（3）指定第一点后，系统以相对直角坐标的形式显示直线的角度，同时要求输入线段长度值，如图 8-7 所示。

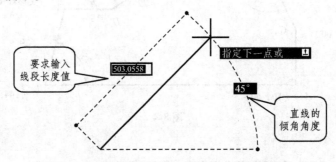

图 8-7　显示直线的角度，要求输入线段的长度

🐝 注意

◆ 在默认情况下，第一点显示为绝对直角坐标值，可以在信息栏中输入新的坐标值以定位点；第二点及后续点显示为相对坐标值，可以在信息栏中采用其他坐标输入方式进行绘制。

◆ 输入坐标时，先在第一个框中输入数值，再按【Tab】键，切换到下一框中继续输入数值。每次切换坐标框时，前一框中的数值将被锁定，如图 8-8 所示。

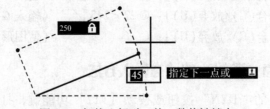

图 8-8　切换坐标时，前一数值被锁定

☞ 学一学 3　利用正交模式辅助画线

单击状态栏上的"正交"按钮或按【F8】功能键打开"正交模式"，见图 8-9。在正交模式下光标只能沿水平或竖直方向移动。

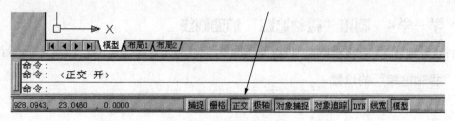

图 8-9 打开"正交模式"

启动画线命令同时打开正交模式，只需输入线段的长度值，系统就自动画出由水平线段和竖直线段构成的平面图形。

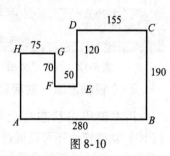

做一做 1 采用正交模式绘制图 8-10 的图形。

图 8-10

[做法]

首先启动画线命令同时打开正交模式，此时在命令提示窗口出现相关提示如下：

命令：_line 指定第一点：70，65 ↙（输入起点 A 的绝对直角坐标）或在屏幕上的适当位置单击鼠标以确定 A 点的位置。

指定下一点或 [放弃(U)]：水平向右移动鼠标再输入 280 ↙

（AB 线段的长度）

指定下一点或 [放弃(U)]：竖直向上移动鼠标再输入 190 ↙

（BC 线段的长度）

指定下一点或 [闭合(C)/放弃(U)]：水平向左移动鼠标再输入 155 ↙

（CD 线段的长度）

指定下一点或 [闭合(C)/放弃(U)]：竖直向下移动鼠标再输入 120 ↙

（DE 线段的长度）

指定下一点或 [闭合(C)/放弃(U)]：水平向左移动鼠标再输入 50 ↙

（EF 线段的长度）

指定下一点或 [闭合(C)/放弃(U)]：竖直向上移动鼠标再输入 70 ↙

（FG 线段的长度）

指定下一点或 [闭合(C)/放弃(U)]：水平向左移动鼠标再输入 75 ↙

（GH 线段的长度）

指定下一点或 [闭合(C)/放弃(U)]：C ↙

（使图形闭合，闭合至 A 点）

做一做 2 采用正交模式绘制图 8-11 的图形。

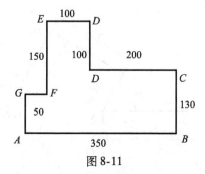

图 8-11

☞ 学一学 4　利用"极轴追踪"辅助画线

开启"极轴追踪-角度追踪",可以使线沿着已绘制的起点或下一点的相对角度进行拖动。

1. "极轴追踪"的设置

(1) 右键单击状态栏上的"极轴"按钮,弹出

图 8-12　打开"极轴"功能

光标快捷菜单,见图 8-12。

(2) 在图 8-12 中选中【设置】选项,打开 【草图设置】对话框(见图 8-13),进行极轴追踪 参数的设置。

2. "极轴追踪"的启动

用左键单击状态栏上的"极轴"按钮或按 【F10】功能键,还可以通过单击下拉菜单命令:【工具】/【草图设置】/打开【草图设置】 对话框→选择【极轴追踪】标签,进行极轴追踪参数设置,如图 8-13 所示。

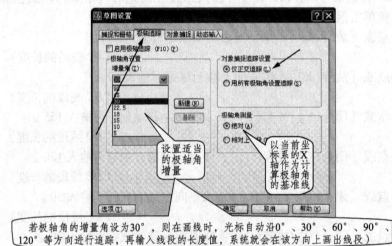

图 8-13　【草图设置】对话框

做一做 1　用极轴追踪方法画图 8-14 的图形。

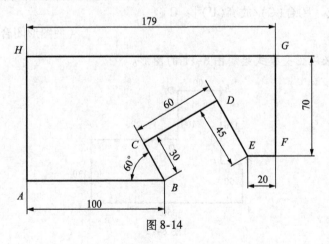

图 8-14

[做法]

设置极轴追踪参数，打开极轴追踪

输入"直线"命令后系统提示：

命令：_line 指定第一点：拾取 A 点；

指定下一点或 [放弃(U)]：沿 0°方向追踪，并输入线段 AB 的长度 100 ↙

指定下一点或 [放弃(U)]：沿 120°方向追踪，并输入线段 BC 的长度 30 ↙

指定下一点或 [闭合(C)/放弃(U)]：沿 30°方向追踪，并输入线段 CD 的长度 60 ↙

指定下一点或 [闭合(C)/放弃(U)]：沿 300°方向追踪，并输入线段 DE 的长度 45 ↙

指定下一点或 [闭合(C)/放弃(U)]：沿 0°方向追踪，并输入线段 EF 的长度 20 ↙

指定下一点或 [闭合(C)/放弃(U)]：沿 90°方向追踪，并输入线段 FG 的长度 70 ↙

指定下一点或 [闭合(C)/放弃(U)]：沿 180°方向追踪，并输入线段 FG 的长度 179 ↙

指定下一点或 [闭合(C)/放弃(U)]：C ↙ （使图形闭合）

🐝 注意

如果线段的倾斜角度不在极轴追踪的范围内时，如 50°，处理的方法是：当系统提示"指定下一点"时，在命令窗口按照"＜角度"形式输入线段的角度，再输入线段的长度值，这样系统暂时沿设置的角度方向画线，见图 8-15 和图 8-16。

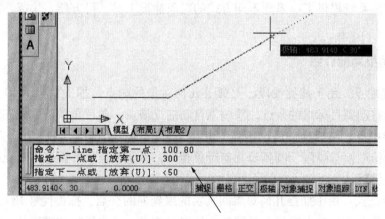

图 8-15 线段倾斜角度不在极轴追踪范围内的处理（一）

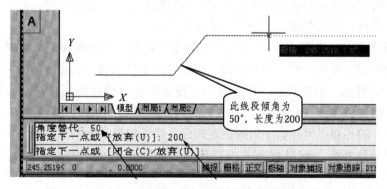

图 8-16 线段倾斜角度不在极轴追踪范围内的处理（二）

做一做 2   用极轴追踪方法画图 8-17 的图形。

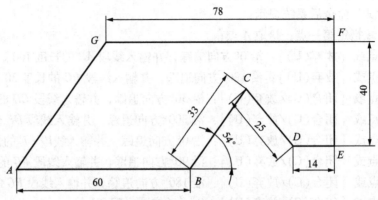

图 8-17   用极轴追踪方法绘制平面图形

☞ 学一学 5   利用对象捕捉辅助画线

在绘图过程中，常常需要在一些特殊几何点之间连线，例如，过圆心或线段的中点和端点画线等，在这种情况下，若不知这些点的确切坐标，又不借助于辅助工具，则很难直接准确拾取这些点。系统提供了一系列不同方式的对象捕捉工具，可方便、快捷、准确地捕捉到这些几何点。

1. 对象捕捉功能介绍

①捕捉端点   用于捕捉线段、圆弧等几何对象的端点，捕捉代号 END。启动端点捕捉后，将光标移动到目标点的附近，系统就自动捕捉该点，然后再单击鼠标左键确认。

②捕捉中点   可捕捉线段、圆弧等几何对象的中点，捕捉代号 MID。启动中点捕捉后，将光标的拾取框与线段、圆弧等几何对象相交，系统就自动捕捉这些对象的中点，然后再单击鼠标左键确认。

③捕捉交点   用于捕捉几何对象间真实的或延伸的交点，捕捉代号 INT。启动交点捕捉后，将光标移动到目标点附近，系统就自动捕捉该点，单击鼠标左键确认。若两个对象没有直接相交，可先将光标的拾取框放在其中一个对象上，单击鼠标左键，然后把拾取框移到另一对象上，再单击鼠标左键，系统即可捕捉到交点。

④捕捉虚交点（外观交点）   在二维空间中与捕捉交点功能相同。该捕捉方式可以搜索在三维空间中实际并不相交，但在屏幕上投影视图中显示相交的交点。捕捉代号 APP。

⑤捕捉延伸点   捕捉代号 EXT。可用于搜索沿着直线或弧线自身路径延伸的点。用户把光标从几何对象端点开始移动，此时，系统将显示出一个临时延伸路径，即显示出捕捉辅助线及捕捉点的相对极坐标，输入捕捉距离后，系统定位一个新点。

⑥正交偏移捕捉   该捕捉方式可以使用户相对于一个已知点定位另一点，捕捉代号 FRO。

⑦捕捉圆心   用于捕捉圆、圆弧及椭圆的中心，捕捉代号 CEN。启动捕捉圆心后，将光标的拾取框与圆弧、椭圆等几何对象相交，系统即可自动捕捉这些对象的中心点，然后再单击左键确认（提示捕捉圆心时，只有当十字光标与圆、圆弧相交时才有效）。

⑧捕捉象限点　用于捕捉圆、圆弧和椭圆的0°、90°、180°或270°处的点（象限点），捕捉代号QUA。启动象限点捕捉后，将光标的拾取框与圆弧、椭圆等几何对象相交，系统即显示出与拾取框最近的象限点，然后单击鼠标左键确认。

⑨捕捉切点　在绘制相切的几何关系时，该捕捉方式使用户可以捕捉到切点，捕捉代号TAN。启动切点捕捉后，将光标的拾取框与圆弧、椭圆等几何对象相交，系统即显示出相切点，然后单击鼠标左键确认。

⑩捕捉垂足：在绘制垂直的几何关系时，用于搜索与另一个对象相垂直的点，捕捉代号PER。启动垂足捕捉后，将光标的拾取框与线段、圆弧等几何对象相交，系统即自动捕捉垂足点，然后单击鼠标左键确认。

⑪平行捕捉　可用于绘制平行线，捕捉代号PAR。若画 *AB* 的平行线 *CD*，在发出LINE命令后，首先指定线段起点 *C*，然后选择"平行捕捉"。移动光标到 *AB* 线段上，此时该线段上出现小的平行线符号，表示线段 *AB* 已被选定。再移动光标到即将创建平行线的位置，此时系统显示出平行线，输入该线长度值或单击一点，即可绘制出平行线。

2. 临时目标捕捉方式的调用

所选定的捕捉方式仅对当前操作有效，命令结束后，捕捉方式自动关闭。这种捕捉方式的调用有三种途径，如图8-18所示。

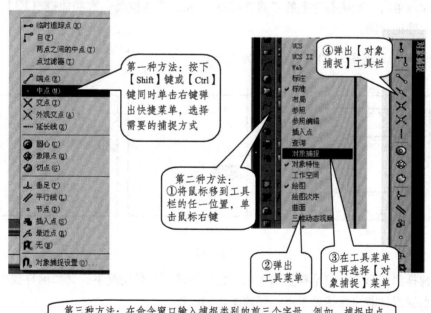

图8-18　临时对象捕捉方式的调用

3. 自动目标捕捉功能的设置

设置为自动目标捕捉功能后，绘图中将一直保持自动目标捕捉状态，直到取消该功能为止。它需要通过对话框进行设置。设置步骤如图8-19所示。

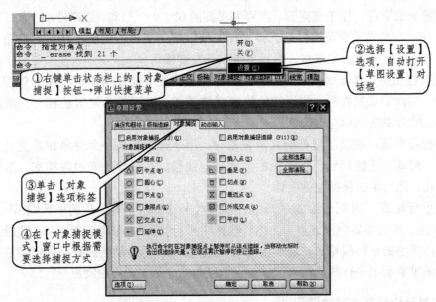

图 8-19 "自动目标捕捉" 功能的设置

4. 自动捕捉方式的打开与关闭

用鼠标每单击一次状态栏上的"对象捕捉"按钮或每按动一次功能键【F3】便可打开或关闭自动捕捉功能。

做一做 1　绘制图 8-20（a）所示的图形。

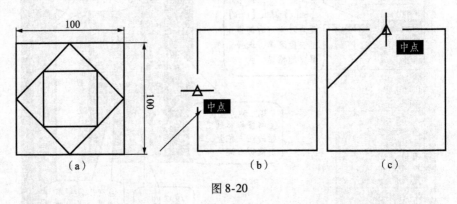

图 8-20

绘制这样的图形，关键是要找到中点，在坐标值不知的情况下，又如何寻找中点呢？可以通过中点捕捉功能快速找到中点，完成图形的绘制。

具体操作过程如下：

① 调用直线命令，画出 100×100 的正方形；

② 再调用直线命令，在"指定第一点："的提示下，调用中点捕捉方式；

③ 将光标移到正方形的任意一边的中点附近，当捕捉到中点时，将出现提示"中点"；

④ 此时单击左键，即确认将该点作为画线的端点；

⑤ 继续调用中点捕捉方式，将光标移到正方形的另一边的中点附近，当捕捉到中点时，单击左键确认；

⑥ 重复步骤⑤，即可依次捕捉到其他中点，完成图形的绘制。

做一做2　运用"临时目标捕捉"和"自动目标捕捉"方式分别绘制图8-21所示的图形。

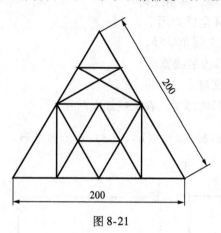

图8-21

习题与思考

1. 用绝对直角坐标和相对直角坐标绘制图8-4的图形。
2. 用混合坐标输入方式绘制图8-4的图形。
3. 用动态数据输入法绘制图8-4的图形。
4. 完成P105中"做一做2"的任务。
5. 完成P108中"做一做2"的任务。

任务二　绘制矩形和正多边形

在任务一中，学习了用线段绘制封闭图形的方法。在工程制图中多边形用的较多，为此AutoCAD提供了绘制多边形的命令，以便于快速绘制多边形。

👉 学一学1　矩形的绘制

可以通过指定矩形对角线的两个对角点来绘制矩形，在绘图时，可以设定其宽度、圆角和倒角等。

矩形命令【RECTANG】（简化为"REC"）

在调用矩形命令后，系统在命令窗口出现命令提示，见图8-22。

图8-22　矩形命令提示

◆ 指定第一角点：定义矩形的一个顶点。
◆ 指定另一个角点：定义矩形的另一个顶点。
◆ 倒角（C）：绘制带倒角的矩形。

第一倒角距离——定义第一倒角距离。

第二倒角距离——定义第二倒角距离。

◆ 圆角（F）：绘制带圆角的矩形。

矩形的圆角半径——定义圆角半径。

◆ 宽度（W）设置矩形边的线宽。

◆ 标高（E）：矩形的高度。

◆ 厚度（T）：指定矩形的厚度，在三维绘图时用。

做一做　分别绘制图 8-23（a）、（b）、（c）所示的矩形。

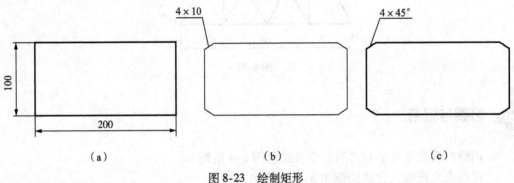

图 8-23　绘制矩形

1. 图 8-23（a）矩形的绘制方法

① 调用矩形命令，命令窗口提示：

指定第一角点或［倒角（C）/标高（E）/圆角（F）/厚度（T）/宽度（W）］：

② 在命令的提示下，在绘图窗口指定矩形的第一点；

指定另一个角点或［面积（A）/尺寸（D）/旋转（R）］：

③ 在命令的提示下，在绘图窗口指定矩形的另一点：＠200，100 ↙（完成绘制）

2. 图 8-23（b）矩形的绘制方法

① 调用矩形命令，命令窗口提示：

指定第一角点或［倒角（C）/标高（E）/圆角（F）/厚度（T）/宽度（W）］：

② 在命令的提示下，输入 C ↙（倒角）

命令窗口提示：

指定矩形的第一个倒角距离 <0.0000>：

③ 在命令的提示下，输入第一个倒角距离 10 ↙

命令窗口提示：

指定矩形的第二个倒角距离 <10.0000>：

④ 在命令窗口提示下：直接↙

3. 图 8-23（c）矩形的绘制方法

① 调用矩形命令，命令窗口提示：

指定第一角点或［倒角（C）/标高（E）/圆角（F）/厚度（T）/宽度（W）］：

② 在命令的提示下，输入 W ↙（设置线宽）

命令窗口提示：指定矩形的线宽 <0.0000>：

③ 在命令的提示下，输入线宽 3 ↙

命令窗口提示：

指定第一角点或［倒角(C)/标高(E)/圆角(F)/厚度(T)/宽度(W)］：

④ 在命令的提示下，输入 C✓（倒角）

命令窗口提示：指定矩形的第一个倒角距离 ＜0.0000＞：

⑤ 在命令的提示下，输入第一个倒角距离 10✓

命令窗口提示：指定矩形的第二个倒角距离 ＜10.0000＞：

⑥ 在命令窗口提示下：直接✓

命令窗口提示：

指定第一角点或［倒角(C)/标高(E)/圆角(F)/厚度(T)/宽度(W)］：

⑦ 在命令的提示下，在绘图窗口指定矩形的第一点；

命令窗口提示：

指定另一个角点或［面积（A）/尺寸（D）/旋转（R）］：

⑧ 在命令的提示下，在绘图窗口指定矩形的另一点：＠200,100 ✓（完成绘制）

☞ 学一学2 倒角和圆角

也可以先画出矩形，再调用【倒角】和【圆角】命令进行倒直角◸和圆角◸。操作如下：

① 调用【倒角】命令，系统提示：

（"修剪"模式）当前倒角距离 1 = 14.0000，距离 2 = 14.0000

选择第一条直线或［放弃(U)/多段线(P)/距离(D)/角度(A)/修剪(T)/方式(E)/多个(M)］：

② 选择倒角距离：输入"D"✓

系统提示：指定第一个倒角距离 ＜14.0000＞：

③ 在系统的提示下输入第一个倒角距离：15✓

系统提示：指定第二个倒角距离 ＜15.0000＞：✓

④ 在系统的提示下：直接✓（确认第二个倒角距离也是15）；

系统提示：

选择第一条直线或［放弃(U)/多段线(P)/距离(D)/角度(A)/修剪(T)/方式(E)/多个(M)］：

⑤ 在系统的提示下：选择第一条需倒角的直线；

系统提示：

选择第二条直线，或按住【Shift】键选择要应用角点的直线：

⑥ 在系统的提示下：选择第二条需倒角的直线。（完成操作）

☞ 学一学3 正多边形的绘制

在 AutoCAD 中可以精确绘制边数为 3 ~ 1 024 的正多边形，绘制的途径有三种：内接于圆画多边形、外切于圆画多边形和采取输入其中一条边的方式产生多边形。正多边形命令【POLYGON】（简化为"POL"）。操作如下：

① 调用【正多形】命令，系统提示：输入边的数目 ＜4＞：

② 在系统提示下：输入边数✓

命令窗口出现命令提示：指定正多边形的中心点或［边（E）］：

③ 在系统提示下，在绘图窗口指定多边形的中心点↙；

命令窗口出现命令提示：输入选项［内接于圆（I）/外切于圆（C）］＜I＞：

其中　内接于圆——指绘制的多边形内接于随后定义的圆

　　　　外切于圆（C）——指绘制的多边形外切于随后定义的圆

④ 在系统提示下，确定画正多边形的方法：直接回车↙（采用内接于圆方式画多边形）

若采用外切于圆方式画多边形，则输入"C"↙

命令窗口出现命令提示：指定圆的半径：

⑤ 在系统提示下，输入圆的半径，↙（完成绘制）

☞ 学一学4　修剪编辑功能的应用

该功能要求用户先确定一个剪切边界，然后再用此边界剪去图形的一部分。

其命令是【trim】（简化为"TR"）

1. 命令的调用

◆ 在命令窗口输入"TR"

◆ 单击【修改】工具栏中的"修剪"按钮 ⊬ （见图8-24）

◆ 单击【修改】菜单→"修剪"

2. 操作方法

若要将线段 AB 在圆内剪掉，应如何操作？

① 调用修剪命令后，系统提示（见图8-25）：

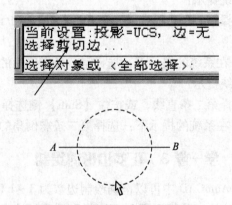

图 8-24　"修改"命令菜单　　　　　　图 8-25　"修剪"命令系统提示

② 在系统提示下，用鼠标选择要修剪的边界→圆→回车→系统提示：

选择对象

选择要修剪的对象，或按住【Shift】键选择要延伸的对象，或

③ 在系统提示下，将光标移到需修剪的线段上——圆内的直线上，单击左键→回车，

即可将线段剪掉（见图 8-26）。

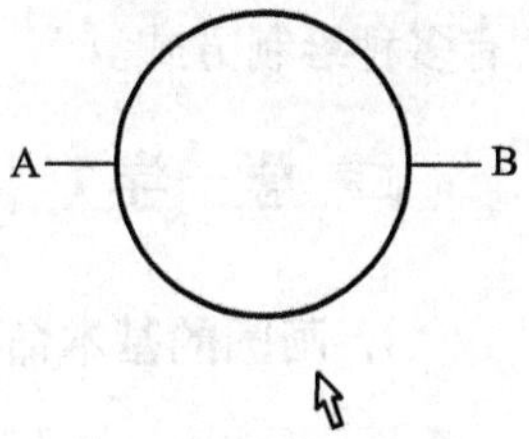

注意

修剪的简便操作：调用修剪命令后→直接回车→直接选取要修剪的线段并单击左键→再回车即可。

图 8-26

做一做 1　绘制内接或外切圆半径为 50 的六边形。

做一做 2　绘制图 8-27 的图形。

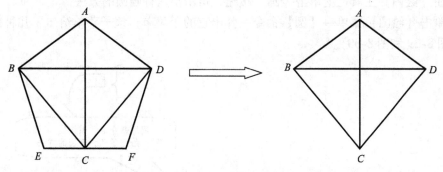

图 8-27　绘制多边形

操作提示：

◆ 启用自动目标捕捉功能
◆ 绘制正五边形
◆ 绘制线段 *AC* 和 *BD*
◆ 运用【修剪】命令将线段 *DF*、*EF*、*BE* 分别剪掉。

做一做 3　绘制图 8-28 的图形。

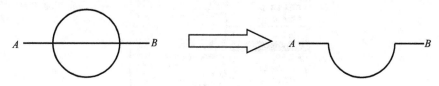

图 8-28　图形修剪

习题与思考

1. 用倒直角和倒圆角的方法画带直角和圆角的矩形。
2. 画一个内接或外切圆半径为 50 的六边形。
3. 完成 P115 "做一做 1" 的任务。
4. 完成 P115 "做一做 3" 的任务。

任务三　绘制由直线、圆和圆弧构成的平面图形

圆和圆弧是工程绘图中常见的基本图素，可以用来表示柱、轴、轮、孔等。AutoCAD

有多种绘制方式。

☞ 学一学1　圆的画法

1. 画圆的基本命令【Circle】（简化为"C"）

2. 调用命令的方法

◆ 在命令窗口输入【Circle】（简化为"C"）；

◆ 在［绘图］工具栏上单击"圆"按钮，可给出六种画圆的方法；

◆ 单击【绘图】菜单→【圆】命令→弹出它的子菜单；该子菜单给出了几种画圆的方法（见图8-29和图8-30）。

图 8-29　绘圆命令提示1

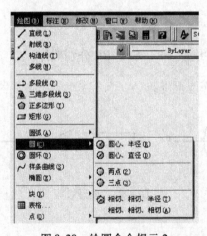

图 8-30　绘圆命令提示2

3. 几种画圆的方法

（1）用圆心、半径方式画圆

要求输入圆心和半径。操作步骤：

① 调用命令后，在系统提示下，确定圆心的位置。

② 系统提示：指定圆的半径或［直径(D)］：输入半径值↙

（2）用圆心、直径方式画圆

要求输入圆心和直径。操作步骤：

① 调用命令后，在系统提示下，确定圆心的位置。

② 系统提示：指定圆的半径或［直径(D)］：D↙

③ 在指定圆的直径的提示后，输入圆的直径值↙

（3）用相切、相切、半径方式画圆

可用于画两个图形与圆的相切。操作步骤：

① 调用命令，系统提示。

② 输入"T"↙，系统提示：指定对象与圆的第一个切点，如图 8 - 31 所示：

图 8-31　绘圆命令提示 3

③ 在系统提示下，在图中确定圆的第一个切点（见图 8-32）。

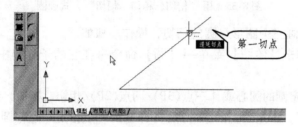

图 8-32　确定圆的第一切点

系统提示：指定对象与圆的第二个切点：

④ 在系统提示下，在图中确定圆的第二个切点（见图 8-33）。

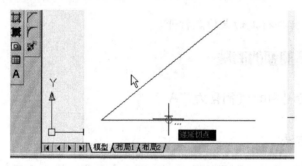

图 8-33　确定圆的第二切点

系统提示：指定圆的半径 < 15. 0000 > ：

⑤ 在系统提示下，输入半径 20 ↙（图 8-34 所示）。

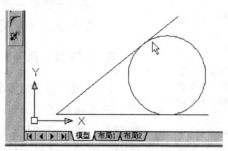

图 8-34　输入半径

（4）用"相切、相切、相切"方式画圆（见图8-35）。

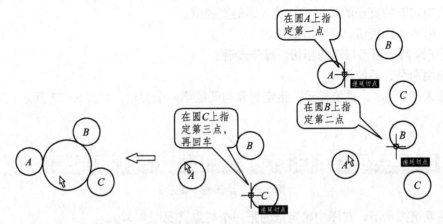

图8-35　用"相切、相切、相切"方式画圆

这种方法可用于画三个图形与圆的相切，操作步骤如下：

① 调用命令：单击【绘图】菜单→【圆】命令→在它的子菜单中选择"相切、相切、相切"，系统提示：

命令：_circle 指定圆的圆心或［三点(3P)/两点(2P)/相切、相切、半径(T)］：_3p ✓

② 在系统提示下，指定圆上的第一点：（即在圆 A 上指定一点作圆的第一条切线）✓

③ 在系统提示下，指定圆上的第二点（即在圆 B 上指定一点作圆的第二条切线）✓

④ 在系统提示下，指定圆上的第三点（即在圆 C 上指定一点作圆的第三条切线）✓

注意

在与圆相切时，需将捕捉切点功能打开。

学一学2　圆弧的画法

1. 画圆弧的命令【Arc】（简化为"A"）

2. 调用命令的方法

图8-36　"11 种画圆弧的方法"子菜单

◆ 在命令窗口输入画圆弧命令

◆ 在【绘图】工具栏上单击【圆弧】⌒按钮

◆ 单击【绘图】菜单→【圆弧】命令→弹出它的子菜单；该子菜单中给出了 11 种画圆弧的方法（见图8-36）。

3. 画圆弧的几种方法

（1）用三点方式画圆弧

三点画圆弧（3Points）方式，要求用户输入弧的起点、第二点和终点。弧的的方向由起点、终点确定，顺时针或逆时针均可。输入终点时，可采用拖动方式将弧拖至所需的位置。操作步骤如下：

①单击【绘图】菜单→【画弧】→【三点】命令。

②在【指定圆弧的起点或［圆心（C）】提示下，确定起点。

③在【指定圆弧的第二点或［圆心（C）/端点（E）】提示下确定第二点。

④在【指定圆弧的端点】提示符下确定终点。

操作结果见图8-37所示。

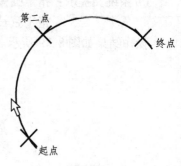

图 8-37

（2）用"起点、圆心、端点"方式画圆弧

当已知圆弧的起点、圆心和终点时，可选择这种画圆弧方式。给出圆弧的起点和圆心之后，圆弧的半径就可以确定，终点只决定弧的长度。弧不一定通过终点，终点和圆心的连线是弧长的截止点。输入起点和圆心后，拖动圆心与光标的连线到合适位置，确定圆弧的终点，圆弧绘制完成。具体操作步骤如下：

①单击【绘图】菜单→【圆弧】→I【起点、圆心、端点】命令。或单击［绘图］工具栏上的【圆弧】按钮；

②在【指定圆弧的起点或［圆心（C）】提示下确定圆弧的起点；

③在【指定圆弧的第二个点或［圆心（C）/端点（E）】提示下，输入"C"（选择圆心选项）；

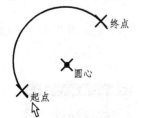

图 8-38 用"起点、圆心、端点"方式画圆弧

④在绘图窗口确定圆心的位置；

⑤在【指定圆弧的端点或［角度（A）/弦长（L）】提示下，确定圆弧的端点位置（完成绘制）。

操作结果见图8-38所示。

（3）用"起点、圆心、角度"方式画圆弧

要求用户输入起点、圆心及其所对应的圆心角角度，操作步骤如下：

①调用画圆弧命令后，系统提示：指定圆弧的起点或［圆心（C）］→在屏幕上指定圆弧起点位置

②系统又提示：指定圆弧的第二点或［圆心（C）/端点（E）］→输入"C"（选择圆心选项）

指定弧的圆心点：在绘图窗口上确定圆心的位置

③系统又提示：指定圆弧的端点或［角度（A）/弦长（L）］→输入"A"（选择角度选项）

指定包含角：输入角度

（4）用"起点、圆心、长度"方式画圆弧

弦是连接圆弧的两个端点的线段。沿逆时针方向画圆弧时，若弦长为正，则得到与弦长相应的最小的弧；反之，则得到最大的弧。具体操作步骤如下：

①调用画圆弧命令后，系统提示：

指定圆弧的起点或［圆心（C）］→在屏幕上指定圆弧起点位置

②系统又提示：指定圆弧的第二点或［圆心（C）/端点（E）］→输入"C"

指定弧的圆心点：在绘图窗口确定圆心的位置

③ 系统又提示：指定圆弧的端点或［角度（A）/弦长（L）］→输入"L" ↙

　　　　　　　　　指定弦长：输入："100" ↙（完成绘制）

操作结果如图 8-39 所示。

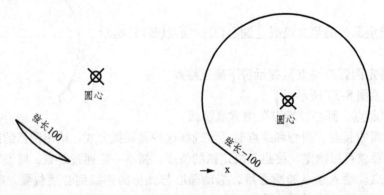

图 8-39　用"起点、圆心、长度"方式画圆弧

☞ 学一学 3　正交偏移捕捉功能的使用

该捕捉方式可以用方便户相对于一个已知点定位另一点。例如，要在一个已知矩形的 A 点位置定位 B 点画图，见图 8-40。操作方法如下：

① 调用直线命令，系统提示：命令_line 指定第一点：

② 按下上挡键【Shift】同时击右键→弹出捕捉方式的光标菜单（见图 8-41）→选择【自（F） ▸】

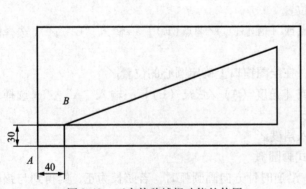

图 8-40　正交偏移捕捉功能的使用

图 8-41　捕捉方式光标菜单

系统提示：命令：_line 指定第一点：_from

③ 将光标移至 A 点，系统提示：命令：_line 指定第一点：_from ＜偏移＞：

④ 输入 B 点相对于 A 点的偏移量@ 40,30 ↙→光标捕捉到 B 点，接下来就可以画出三角形。

做一做 1　绘制图 8-42 所示的图形。

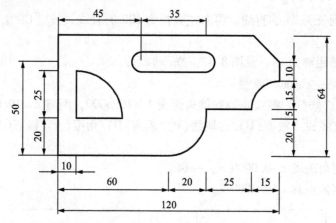

图 8-42　绘制由直线和圆弧构成的平面图形

1)　知识点

(1)　圆、圆弧、直线的画法；

(2)　正交偏移捕捉；

(3)　图形的修剪和倒角。

2)　作图步骤

(1)　设置对象捕捉模式

(2)　画轮廓线框

① 画长度为 60 的线段。

② 画与长为 60 线段相切的半径 20 的弧（用"起点、圆心、角度"绘制，圆心的坐标为@0,20、包含角为 90），操作如下：

调用圆的命令后，系统提示：

命令：_arc 指定圆弧的起点或［圆心（C）］：→以直线的端点为圆弧的起点

指定圆弧的第二个点或［圆心（C）/端点（E）］：→c↙

指定圆弧的圆心：→@0,20↙

指定圆弧的端点或［角度（A）/弦长（L）］：a↙

指定包含角：→90↙（见图 8-43）

③ 接着向上画长为 5 的直线，再向右画长为 25 的直线（见图 8-44）。

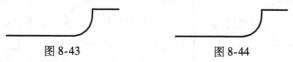

图 8-43　　　　　　　　　　　　图 8-44

④ 画半径为 15 的弧（用"起点、圆心、角度"绘制，圆心的坐标为@0,20、包含角为 -90）见图 8-45，操作如下：

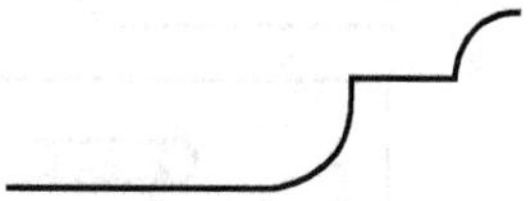

命令：_arc 指定圆弧的起点或［圆心（C）］：→以长为 25 的线段的端点为圆弧的起点

图 8-45

指定圆弧的第二个点或［圆心（C）/端点（E）］：→c↙

指定圆弧的圆心：→@15,0↙

指定圆弧的端点或［角度（A）/弦长（L）］：→a ✓

指定包含角：→ – 90 ✓

⑤接着向上画长为24的直线，再向左画长为120的直线，按"C" ✓（封闭图形）见图8-46所示。

⑥倒角：倒角距离为14，见图8-47。操作如下：

调用倒角命令：_chamfer 或 ⬜

系统提示：（"修剪"模式）当前倒角距离 1 = 10.0000，距离 2 = 10.0000

选择第一条直线或［放弃(U)/多段线(P)/距离(D)/角度(A)/修剪(T)/方式(E)/多个(M)］：→d ✓

指定第一个倒角距离 < 10.0000 >：→14 ✓

指定第二个倒角距离 < 14.0000 >：✓

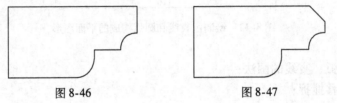

图 8-46　　　　　　　　　　　图 8-47

（3）画四分之一的圆　先用正交偏移捕捉方式捕捉圆心→接着在圆心处画两条长为25的直线→画半径25的圆→修剪圆，见图8-48和图8-49。部分操作如下：

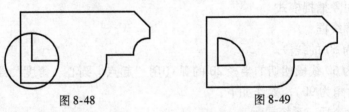

图 8-48　　　　　　　　　　　图 8-49

启动直线命令，按下上挡键【Shift】，同时击右键→弹出捕捉方式的光标菜单→选择【自（F）】系统提示：命令：_line ⌐ 指定第一点：_from→选取基点，系统提示：

命令：_line 指定第一点：_from < 偏移 >：输入@ 50,45 ✓光标捕捉到指定点——圆心

（4）画长椭圆

先用"正交偏移捕捉方式"捕捉第一个圆心→再捕捉第二个圆心→分别画半径5的圆→用捕捉象限点的方式画出与两个圆相切的直线→修剪圆（完成绘制），如图8-50所示。

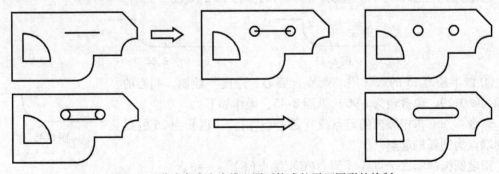

图 8-50　分步完成由直线和圆弧构成的平面图形的绘制

做一做 2　绘制图 8-51 所示的运动场平面图。

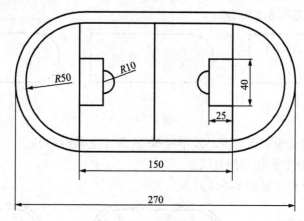

图 8-51　运动场平面图

1）知识点

① 圆、直线、矩形的画法；

② 正交偏移捕捉；

③ 图形的修剪。

2）作图步骤

① 设置对象捕捉模式。

② 绘制矩形。

③ 绘制半径 50 和 60 的圆，并修剪成半圆弧。

④ 用正交捕捉功能绘制 25 × 40 的线框。

⑤ 画与圆弧相切的直线。

⑥ 绘制半径 30 的圆。

做一做 3　用倒圆角的方法再绘制图 8-51 所示的图形。

1）知识点

◆ 圆、直线、矩形的画法；

◆ 倒圆角的应用；

◆ 正交偏移捕捉；

◆ 图形的修剪。

2）作图提示

① 设置对象捕捉模式。

② 绘制矩形 250 × 100。

③ 倒半径为 50 的圆角以绘制直径 100 的圆弧（需倒角四次）。

调用命令，系统提示：

当前设置：模式 = 修剪，半径 = 10.0000

选择第一个对象或 ［放弃(U)/多段线（P）/半径（R）/修剪（T）/多个（M）］：R ✓

指定圆角半径 < 10.0000 > ：50 ✓

选择第一个对象或 ［放弃(U)/多段线（P）/半径（R）/修剪（T）/多个（M）］：选

择第一条直线的一端

选择第二个对象，或按住【Shift】键选择要应用角点的对象：选择第二条直线的一端↙
继续倒角，结果见图 8-52 所示。

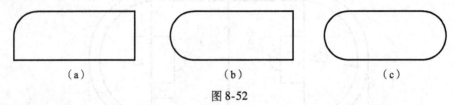

（a）　　　　　　　　　　　（b）　　　　　　　　　　　（c）

图 8-52

④ 绘制直线并以直线中点为圆心画半径 60 的圆（见图 8-53）。

⑤ 绘制与半径 60 的圆相切的直线。

⑥ 对图形进行修剪（见图 8-54）。

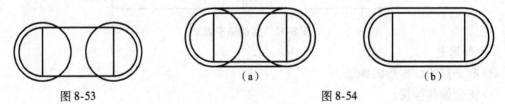

图 8-53　　　　　　　　　　　　　　　　（a）　　　　　　　　　　　　　　　（b）

图 8-54

⑦ 用"正交捕捉"功能绘制 25×40 的线框。

⑧ 绘制半径为 10 的圆。

☞ 学一学4　线型、线宽和颜色的修改

线型是图形表达的关键要素之一。不同的线型表达了不同的含义。如在机械制图中，粗
实线表示可见轮廓线，虚线表示不可见轮廓线，点画线表示中心线、轴线、对称线等。所
以，不同的图形元素应该采取不同的线型来绘制。在 AutoCAD 中，线型是预先设计好储存
在线型库中的，在使用时只需加载所需的线型。那么如何修改线型和线的颜色呢？

通过【对象特性】工具栏（见图 8-55）可以方便地设置对象的颜色、线型及线宽。默
认情况下，该工具栏的【颜色控制【线型控制】线宽控制】三个下拉列表中显示"ByLay-
er"，意思是所绘对象颜色、线型及线宽等属性与当前层所设定的完全相同。现在学习的是
如何修改对象已有的这些特性。

图 8-55　对象特性工具栏

1. 修改已有对象的线型

操作步骤如下：

（1）选择要改变线型的图形对象

（2）在【对象特性】工具栏打开【线型控制】下拉列表，从中选择所需的线型。若线
型不在列表中就需要加载线型，加载方法如下：

① 选择该列表中的【其他】选项（见图 8-56），弹出【线型管理器】对话框（见

图 8-57）。

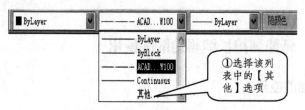

图 8-56　【线型控制】下拉列表

②单击【线型管理器】对话框中的"加载"按钮，弹出【加载或重载线型】对话框（见图 8-58）。

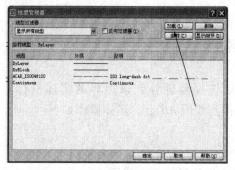

图 8-57　【线型管理器】对话框

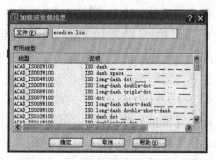

图 8-58　【加载或重载线型】对话框

③在此对话框中选择所需的一种或多种线型，单击"确定"按钮。

④再在【线型管理器】对话框中选择刚才所加载的线型。

2. 修改对象已有的线宽

（1）选择要改变线型的图形对象

（2）在【对象特性】工具栏打开【线宽控制】下拉列表，从中选择所需的线宽（见图 8-59）

图 8-59　【线宽控制】下拉列表

3. 修改对象已有的颜色

（1）选择要改变颜色的图形对象

（2）在【对象特性】工具栏打开【颜色控制】下拉列表，从中选择所需的颜色（见图 8-59）

☞ 学一学5　延伸和拉长编辑功能的使用

1.【延伸】功能的使用

该功能可延伸直线、圆弧、多段线这三种目标。一次只能延伸一个目标。其命令是：EXTEND（简化为 EX）

（1）命令的调用

◆ 命令窗口输入 EXTEND（或 EX）

◆ 菜单命令：【修改】→【延伸】

◆ 工具栏：【修改】工具栏上的【延伸】─/按钮

（2）【延伸】功能的操作

在进行操作时，首先要确定一个边界，然后选择要延伸到该边界的实体目标。若将图 8-60 中的线段 *CD* 和 *FG* 的端点 *C*、*G* 分别延伸到线段 *AB* 上，具体操作如下：

调用【延伸】命令后，系统提示：

选择边界的边…

选择对象或 ＜全部选择＞：用鼠标选择作为边界的目标——线段 *AB*；

（此时线段变为虚线，表明线段 *AB* 已被选中）见图 8-60。

系统提示：选择对象：↙；

系统提示：选择要延伸的对象，或按住 Shift 键选择要修剪的对象，或［栏选（F）/窗交（C）/投影（P）/边（E）/放弃（U）］：→选择线段 *CD* 的 *C* 端，*C* 端延伸到线段 *AB*（见图 8-61）；

系统提示：选择要延伸的对象，或按住 Shift 键选择要修剪的对象，或［栏选（F）/窗交（C）/投影（P）/边（E）/放弃（U）］：→选择线段 *GF* 的 *G* 端，*G* 端延伸到线段 *AB*（见图 8-62）；

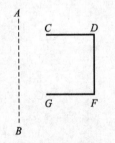

图 8-60　选中线段 *AB*

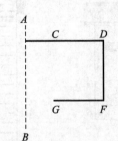

图 8-61　*C* 端延伸到 *AB*

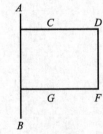

图 8-62　*G* 端延伸到 *AB*

系统提示：选择要延伸的对象，或按住【Shift】键选择要修剪的对象，或［栏选（F）/窗交（C）/投影（P）/边（E）/放弃（U）］：→↙（操作完成）见图 8-62。

2.【拉长】功能的使用

该功能可以修改某直线或圆弧的长度或角度。在修改时可以指定绝对大小、相对大小、相对百分比大小，还可以动态修改其大小。其命令是：LENGTHEN 可简化为 "LEN"。

（1）命令的调用

◆ 命令窗口输入 LENGTHEN 或 "LEN"

◆ 菜单命令：【修改】→【拉长】

（2）【拉长】功能的操作

调用命令后，系统提示：选择对象或［增量(DE)/百分数(P)/全部(T)/动态(DY)］：用鼠标选择欲拉长的直线，此时显示当前长度为 25，见图 8-63。

系统提示：选择对象或［增量(DE)/百分数(P)/全部(T)/动态(DY)］：选择其中一种修改方式：若选择增量（DE）方式，就输入 DE ↙

系统提示：输入长度增量或［角度（A）］＜25.0000＞：→20 ↙（线段被拉长 20）见图 8-64。

———————————————   ———————————————

图 8-63　长度为 25 的直线段　　　　　图 8-64　线段被拉长 20

 注意

输入正值为增加长度，输入负值为减少长度。

若选择动态（DY）方式，就输入 DY ↙。

系统提示：选择对象或［增量(DE)/百分数(P)/全部(T)/动态(DY)］：用鼠标选择欲拉长的直线，此时显示当前长度为 45。

系统提示：选择对象或［增量(DE)/百分数(P)/全部(T)/动态(DY)］：DY ↙。

系统提示：选择要修改的对象或［放弃(U)］：用鼠标选择要修改的线段。

系统提示：指定新端点：25 ↙（线段又被拉长 25），见图 8-65。

———————————————————————————————

图 8-65　线段又被拉长 25

做一做　绘制图 8-66 所示的图形。

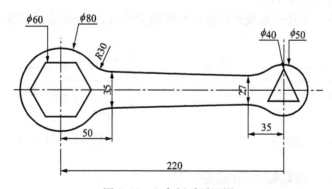

图 8-66　六角扳手平面图

1）知识点

◆ 圆、直线、正多边形的画法；

◆ 正交偏移捕捉；

◆ 图形的修剪；

◆ 线型、线宽和颜色的修改；

◆ 线的延伸和拉长。

2）作图提示

① 设置对象捕捉模式。

② 画基准线（见图 8-67）。

③ 画正六边形和正三边形（见图 8-68）。

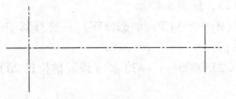

图 8-67　画基准线　　　　　　　　图 8-68　画正六边形和正三边形

④ 画直径为 80 和 50 的圆（见图 8-69）。

⑤ 用正交偏移捕捉方式先后捕捉捕捉@50,17.5 和@185,13.5 画出第一条斜线（见图 8-69）。

⑥ 用正交偏移捕捉方式先后捕捉捕捉@50，-17.5 和@185，-13.5 画出第二条斜线（见图 8-69）。

⑦ 画 4 个半径 30 的圆（见图 8-70）。

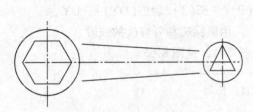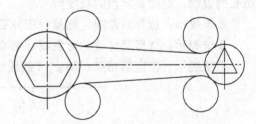

图 8-69　画两圆和 2 条斜线　　　　　　图 8-70　画出 4 个半径为 30 的圆

⑧ 修剪圆弧（见图 8-71）。

⑨ 用延伸或拉长方式对基线进行修整并将轮廓线以 0.3mm 加粗（见图 8-72）。

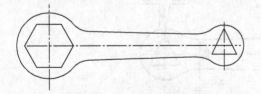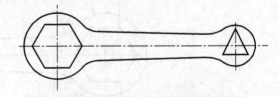

图 8-71　修剪圆弧　　　　　　　　图 8-72　修整基线并加粗较廓线

☞ 学一学 6　偏移编辑功能的使用

在工程制图中，经常遇到一些间距相等、形状相似的图形，对于这类图形，使用偏移复制命令可以快速便捷地偏移复制图形。其命令是 Offset，简化为 “O”。

1. 命令的调用

◆ 命令窗口输入 Offset 或 “O”

◆ 菜单命令：【修改】→【偏移】

◆ 工具栏：【修改】→【偏移🖱】按钮

2.【偏移】编辑功能的使用

调用命令后，系统提示：

指定偏移距离或［通过(T)/删除(E)/图层(L)］＜通过＞：220 ∠（输入偏移距离）

系统提示：选择要偏移的对象，或［退出(E)/放弃(U)］＜退出＞：→用鼠标选取偏移对象（此时，对象变为虚线），见图8-73。

系统提示：指定要偏移的那一侧上的点，或［退出(E)/多个(M)/放弃(U)］＜退出＞：→移动光标指定要偏移的一侧，点取线段的右侧，完成偏移操作，见图8-74。

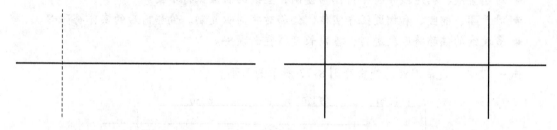

图 8-73　选择偏移对象　　　　　　　　图 8-74　确定偏移的方位

系统提示：选择要偏移的对象，或［退出(E)/放弃(U)］＜退出＞：∠结束命令。

做一做 1　用偏移功能绘制如图 8-75 所示的图形。

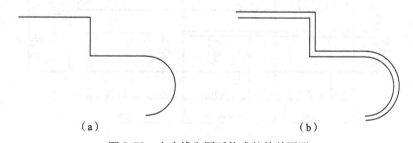

（a）　　　　　　　　　　　　（b）

图 8-75　由直线和圆弧构成的简单图形

［做法］

调用命令后，系统提示：

在【指定偏移距离或［通过(T)/删除(E)/图层(L)］＜通过＞：】的提示下，输入偏移距离20；

在【选择要偏移的对象，或［退出(E)/放弃(U)］＜退出＞：】的提示下，用鼠标选取偏移对象（此时，对象变为虚线）；

在【指定要偏移的那一侧上的点，或［退出(E)/多个(M)/放弃(U)］＜退出＞：】的提示下，移动光标指定要偏移的一侧，点取实体（线段）外侧；

重复上面的操作（见图8-76）。

图 8-76

🐝 注意

◆ Offset 命令只能偏移直线、圆、多锻线、椭圆、椭圆弧、多边形和曲线，不能偏移点、图块、和文本。

◆ 对于直线、构造线等将平行偏移复制，直线的长度保持不变。

◆ 对于圆、椭圆、和椭圆弧等实体，偏移时将同心复制。偏移前后的实体将同心。

◆ 多段线的偏移将逐段进行，各段长度将重新调整。

做一做 2　运用偏移功能重画图 8-77 所示的图形。

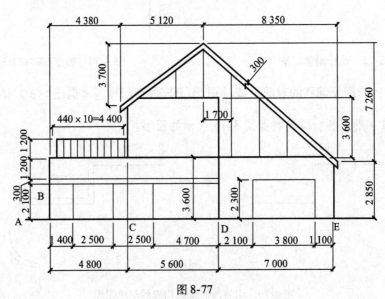

图 8-77

作图提示

① 设置绘图区域（图纸大小）为 30 000×20 000。

② 设置对象捕捉模式。

③ 绘制作图基准线（见图 8-78）。

④ 以 A、B 为基准，用【偏移】命令绘制辅助线 C、D、E、F、G、H、I（见图 8-79）。

⑤ 修剪多余线条（见图 8-80）。

⑥ 绘制屋顶的倾斜直线（见图 8-81）。

⑦ 修剪多余线条（见图 8-82）。

⑧ 利用延伸命令绘制屋檐线条，并剪去的绘制多余线条，完成屋檐的绘制（见图 8-83）。

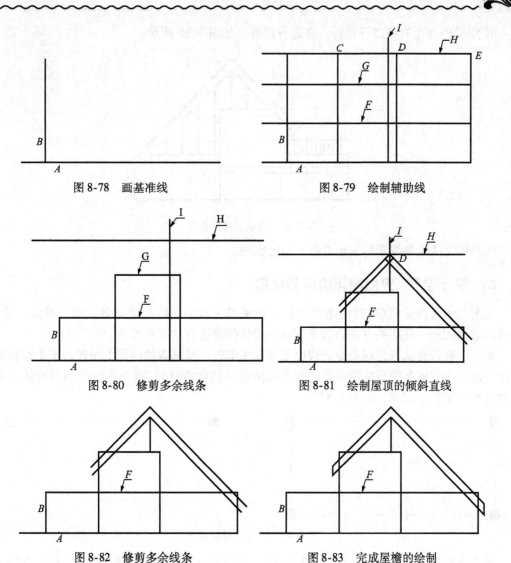

图 8-78　画基准线　　　　　　　图 8-79　绘制辅助线

图 8-80　修剪多余线条　　　　图 8-81　绘制屋顶的倾斜直线

图 8-82　修剪多余线条　　　　图 8-83　完成屋檐的绘制

⑨ 墙体细部绘制。

偏移基线 A：2 100、300、1 200，偏移辅助线 F：1 200；偏移基线 B：4 800、2 500、2 500，偏移线 C：440×10＝4 400，并进行修剪。结果如图 8-84 所示。

⑩ 继续墙体细部绘制。

偏移线 I：1 700 四次，如图 8-85 所示。

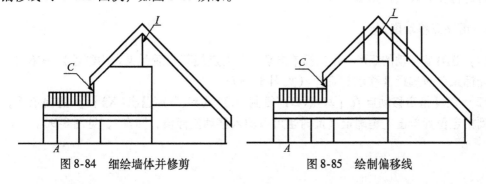

图 8-84　细绘墙体并修剪　　　　图 8-85　绘制偏移线

⑪用延伸命令对线进行延伸，再进行修剪，如图 8-86 所示。

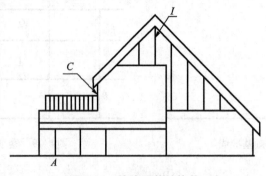

图 8-86　将线延伸并修剪

用同样方法绘制图形的其余部分，自己完成。

☞ 学一学 7　夹点编辑功能的使用

绘图和编辑是 CAD 制图的重要操作。在编辑过程中，用户常常要复制、移动、拉伸、旋转或缩放图形。使用夹点编辑功能可以方便快捷地进行这五种编辑。

夹点：在没有执行任何命令的情况下选择图形时，被选取的图形上出现若干个蓝色的小方框，这些小方框是图形的特征点，称为夹持点（简称夹点）。对于不同的图形实体，夹点的数量和位置各不相同，见图 8-87。

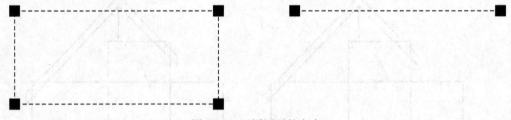

图 8-87　不同图形的夹点

夹点有两种状态：热态（指夹点被激活）和冷态（指夹点未被激活）。只有夹点处于热态时才可执行五种编辑功能。在默认情况下，冷态的夹点为蓝色，热态的夹点为红色。

1. 夹点的设置

单击菜单命令：【工具】→【选项】→在【选项】对话框中选择【选择】标签，在此窗口可进行相关设置，见图 8-88。

2. 用夹点移动图形

（1）选择要移动的矩形→用鼠标单击某一个夹点使其激活（夹点为红色）→单击右键→弹出光标菜单→选择【移动】命令（见图 8-89）；

（2）在【指定移动点或［基点(B)/复制(C)/放弃(U)/退出(X)]：】的提示下，移动鼠标到指定位置单击左键确定（此时也可以输入移动坐标值，回车），见图 8-90。

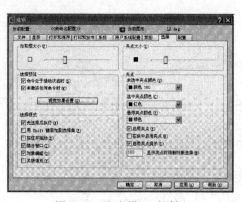

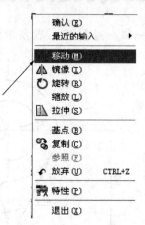

图 8-88 夹点设置对话框   图 8-89 夹点光标菜单

图 8-90 拖动鼠标，将图形移到指定位置

3. 用夹点旋转图形

（1）选择要移动的矩形→用鼠标单击某一个夹点使其激活（夹点为红色）→单击右键→弹出光标菜单→选择【旋转】命令；

（2）在【指定旋转角度或［基点（B）/复制（C）/放弃（U）/参照（R）/退出（X）］：】的提示下，输入旋转角度：60 ↙，见图 8-91。

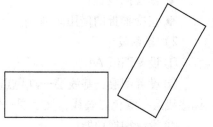

图 8-91 用夹点旋转图形

4. 用夹点复制图形

（1）选择要移动的矩形→用鼠标单击某一个夹点使其激活（夹点为红色）→单击右键→弹出光标菜单→选择【移动】→再击右键→选择【复制】；

（2）在【指定移动点或［基点（B）/复制（C）/放弃（U）/退出（X）］：】的提示下，移动鼠标到指定位置单击左键确定（此时也可以输入移动坐标值，回车）完成复制，见图 8-92。

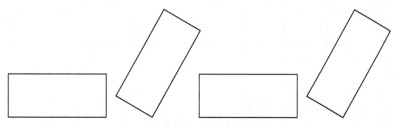

图 8-92 用夹点方法复制图形

做一做　绘制图 8-93 所示垫片图形。

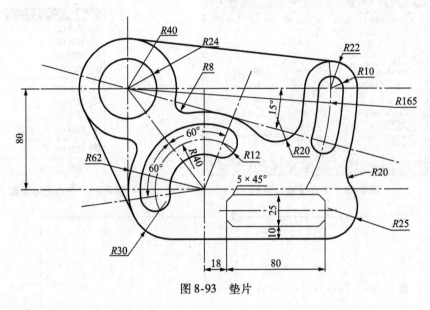

图 8-93　垫片

1）知识点

◆ 直线、圆的绘制；

◆ 修剪、夹点、倒角编辑功能的应用；

◆ 图层的设置；

◆ 正交捕捉的使用。

2）作图提示

① 设置图纸 A4。

② 设置图层：基线层—红色点画线；粗实线层—黑色、线宽 0.3mm；细实线层—黑色；标注线层—绿色点画线；文字层—橙色。

③ 设置捕捉功能。

④ 将当前层设为基线层——画基线（见图 8-94）。

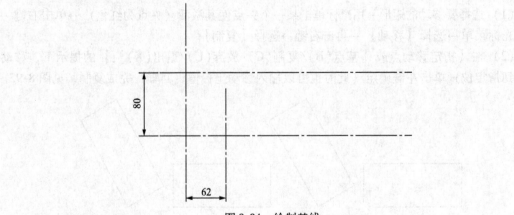

图 8-94　绘制基线

⑤绘制半径24、40和62的圆（见图8-95）。

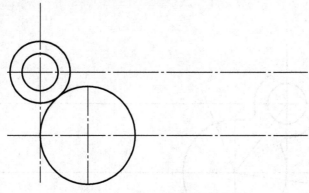

图 8-95 绘制 3 个不同半径的圆

⑥倒半径为 8 的圆角（或用"相切、相切、半径"方式画半径 8 的圆）（见图 8-96）。

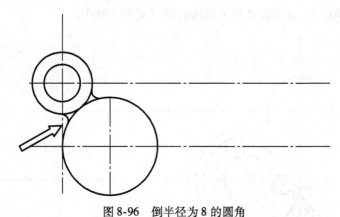

图 8-96 倒半径为 8 的圆角

⑦修剪圆（见图 8-97）。

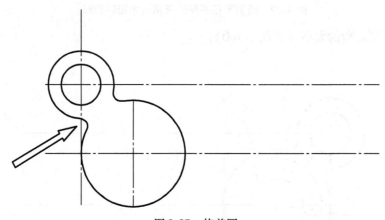

图 8-97 修剪圆

⑧绘制两圆弧中心线的连线、复制并旋转中心 60° 的位置（用夹点的方法）（见图 8-98）。

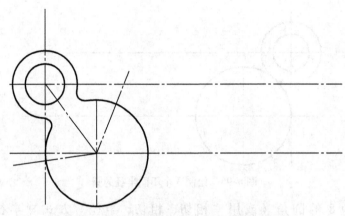

图 8-98 绘制两圆弧中心线连线、复制并旋转 60°

⑨绘制半径 40、12 的圆以及与之相切的圆（见图 8-99）。

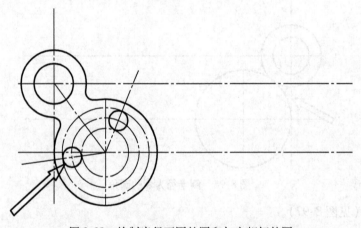

图 8-99 绘制半径不同的圆和与之相切的圆

⑩修剪圆到正确的大小（见图 8-100）。

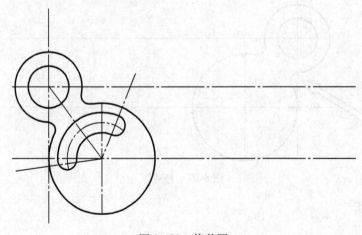

图 8-100 修剪圆

⑪ 偏移复制下方水平线，其尺寸为 17.5、25、18、80、10，并将它们改到正确的层（见图 8-101）。

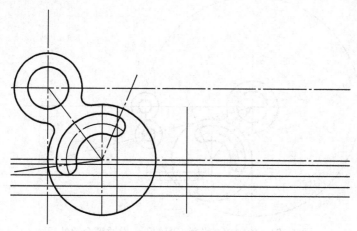

图 8-101 偏移复制下方水平线

⑫ 修剪多余的部分（见图 8-102）。

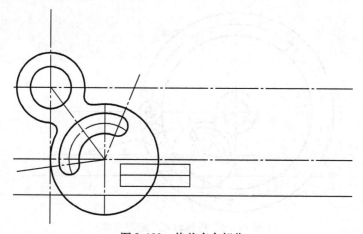

图 8-102 修剪多余部分

⑬ 倒 5×45°角（见图 8-103）。

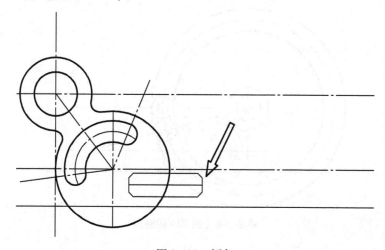

图 8-103 倒角

⑭ 绘制半径为 165、22、10 的圆，并将其改到合适的层（见图 8-104）。

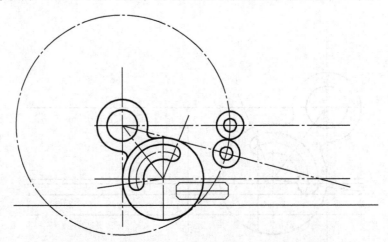

图 8-104　绘制 3 个半径不同的圆，并改到合适的层

⑮ 绘制与 $R22$ 相切的圆（见图 8-105）。

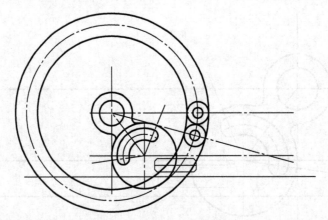

图 8-105　绘制与 $R22$ 相切的圆

⑯ 倒 $R20$ 的圆角（见图 8-106）。

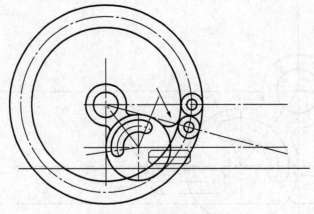

图 8-106　倒 $R20$ 的圆角

⑰倒半径 30 的圆角（见图 8-107）。

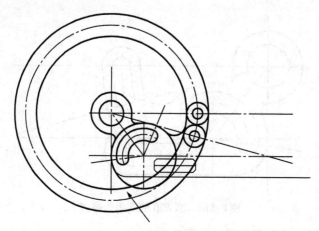

图 8-107　倒半径 30 的圆角

⑱对图形进行修剪（见图 8-108）。

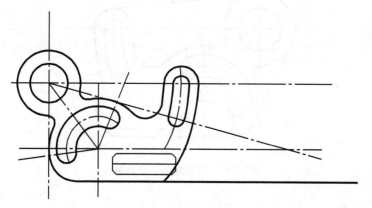

图 8-108　修剪图形

⑲绘制 R25 的圆（见图 8-109）。

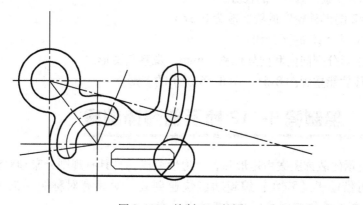

图 8-109　绘制 R25 的圆

⑳ 倒 $R20$ 的圆角，并对图形进行修剪（见图 8-110）。

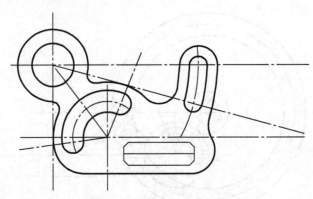

图 8-110　倒 $R20$ 的圆角并修剪

㉑ 绘制两条切线，并整理图形（见图 8-111）。

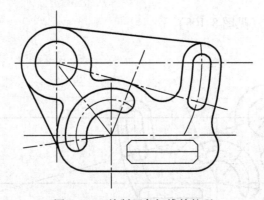

图 8-111　绘制两条切线并整理

习题与思考

1. 完成 P123 "做一做 3" 的任务。

2. 将图 8-42 图形外轮廓的线宽改为 0.3mm。

3. 画一组间距为 20 的平行线。

4. 将一个矩形分别向内和向外偏移 10mm，观察其图形。

5. 运用偏移功能重画图 8-51、图 8-66 所示的图形。

任务四　绘制图 8-112 所示的装饰图案

图 8-112 所示的装饰图案由矩形和正六边形组成，且具有规则分布和对称性特点。对规则分布的图形可借助于【阵列】编辑功能快速创建，对具有对称关系的图形，可借助于【镜像】图形编辑功能快速创建，以提高绘图效率。

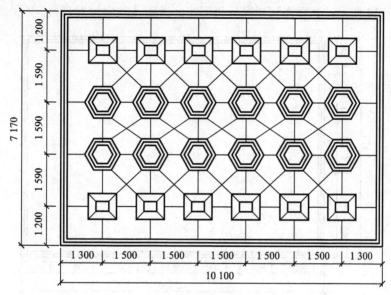

图 8-112　装饰图案

☞ 学一学1　阵列编辑功能的应用

1. 阵列命令

ARRAY（简化为 AR）。

2.【阵列】编辑功能的使用

阵列编辑功能分为矩形阵列和环形阵列两种。

矩形阵列，是指将图形对象按行列方式进行排列。在操作时，一般应给出阵列的行数、列数、行间距和列间距等参数；如果要沿着倾斜方向生成矩形阵列，还需给出阵列的倾斜角度。

环形阵列，是指将图形对象绕阵列中心，等角度均匀分布。在操作时，应输入阵列中心、阵列总角度及阵列数目。此外，也可以通过输入阵列总数及每个对象间的夹角生成环形阵列。

下面介绍矩形阵列功能的使用。

① 调用（启动）【阵列】命令，系统弹出【阵列】对话框，选取【矩形阵列】单选项见图 8-113 所示。

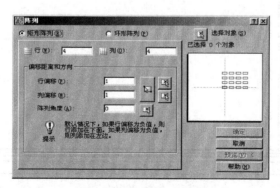

图 8-113　【阵列】对话框

② 单击选择对象按钮▦→系统提示："选择对象"→用鼠标选择需要"阵列"的图形

对象，见图 8-114 所示；选择图形对象后再回车，返回【阵列】对话框。

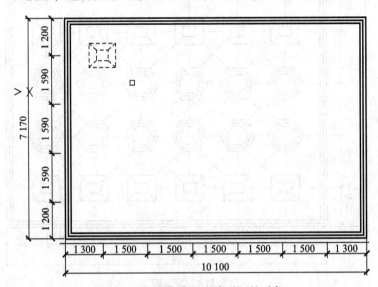

图 8-114　选中需要"阵列"的对象

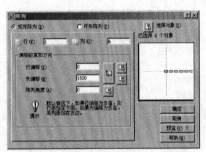

图 8-115　在【行】、【列】等
文本框中输入数字

③在【阵列】对话框的【行】、【列】文本框中输入行数和列数：行数为 1、列数为 6，见图 8-115 所示（行的方向与 X 轴平行，列的方向与 Y 轴平行）。

④在对话框的【行偏移】、【列偏移】文本框中输入行间距和列间距：行间距为 0、列间距为 1 500，见图 8-115 所示。

⑤在对话框的【阵列角度】文本框中输入阵列方向与 X 轴的夹角，见图 8-115 所示。

⑥在对话框中单击"确定"按钮，结果见图 8-116 所示。

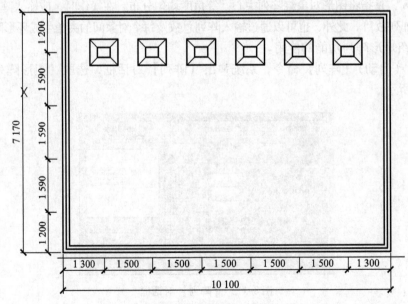

图 8-116　"阵列"结果

做一做 完成图 8-117 的绘制。

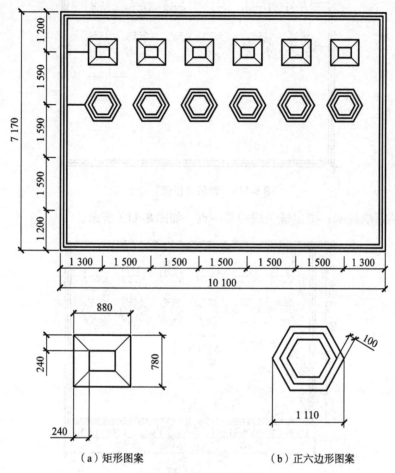

（a）矩形图案 （b）正六边形图案

图 8-117 装饰图案元素

作图提示

① 设定绘图区域的大小：20 000 × 15 000；

② 画出尺寸为 10 100 × 7 170 的矩形；

③ 用偏移命令复制矩形，偏移量为 100；

④ 在图中分别按尺寸要求绘制出矩形和六边形；

⑤ 用阵列命令进行矩形阵列复制。

☞ 学一学2 "镜像" 编辑功能的应用

对于对称图形，只需绘制出图形的一半，另一半可由镜像编辑命令产生。操作时，先告诉系统对哪些图形对象进行"镜像"——即选择镜像的对象，然后再指定镜像线的位置即可。

1. 镜像的命令

MIRROR（简化为 MI）。

2. 镜像命令的使用

① 调用【镜像】命令后，系统提示：选择对象→选择对象并回车，见图 8-118。

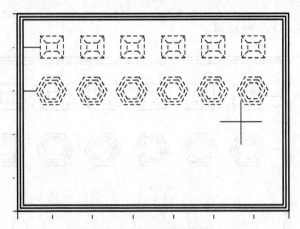

图 8-118　调用【镜像】命令

② 回车后系统提示：指定镜像线的第一点，如图 8-119 所示。

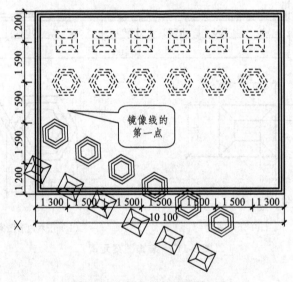

图 8-119　指定镜像线的第一点

③ 镜像线的第一点选好后，系统提示：指定镜像线的第二点，见图 8-120。

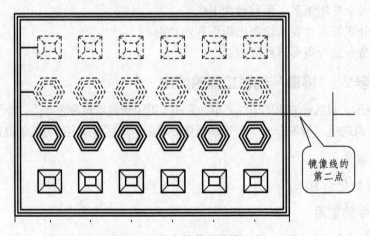

图 8-120　指定镜像线的第二点

④ 单击左键确认，同时系统提示：是否删除源对象？见图8-121。

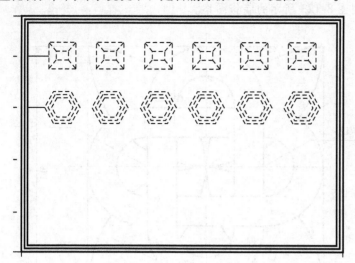

图 8-121　系统提示

⑤ 不删除源对象就直接按回车键，完成装饰图案绘制，见图8-122。

图 8-122　完成装饰图案绘制

注意

若需删除源对象，就输入"Y"再按回车键。

做一做　绘制图 8-123 所示的装饰图案。

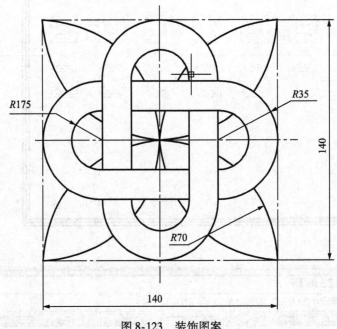

图 8-123　装饰图案

1）知识点

直线的绘制、圆的绘制、修剪和环形阵列编辑功能的应用、尺寸标注。

2）操作提示

① 绘制长度为 140 的直线；

② 画半径为 70 的圆；

③ 将直线向上偏移 35°，并绘制半径为 35 和 17.5 的圆；

④ 对圆进行修剪，结果见图 8-124；

⑤ 对图形进行"环形阵列"，结果见图 8-125；

⑥ 按图 8-123 对图形进行修剪。

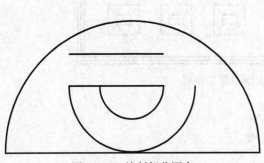

图 8-124　绘制部分图案

图 8-125　绘制结果

☞ 学一学3　用面域造型法绘制装饰图案

面域，是指由线段、多段线、圆、圆弧及样条曲线等对象围成的二维的封平面图形（相邻对象间应有共同的连接端点，否则将不能创建面域）。

使用面域作图的方法是采用"并集"、"交集"、"差集"等布尔运算来构建不同形状的图形。图 8-126 展示了对同一个图形进行三种布尔运算的结果。

1. 面域创建的方法

调用创建面域的命令→选择要创建面域的图形并回车。

（1）面域的创建命令　REGION（简化为 REG）

（2）面域创建命令的调用方法

① 下拉菜单【绘图】/【面域】命令；

② 绘图工具栏上的【面域】图标◎按钮；

③ 在命令窗口输入命令 REGION 或 REG。

🐝 注意

创建的面域可以移动、复制等操作，还可以运用分解命令使其还原为原始图形。

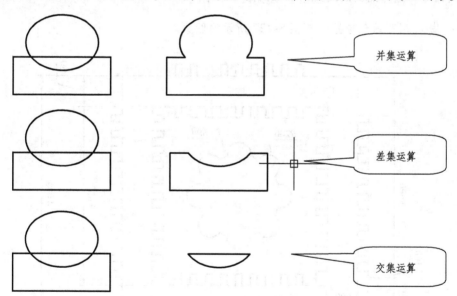

图 8-126　对面域进行并集、差集和交集运算

2. 用面域构建图形的方法—布尔运算

1）并集运算（UNION 或简化为 UNI）

它是将所有参与运算的面域合并为一个新面域。

（1）命令调用方法

① 下拉菜单【修改】/【实体编辑】/【并集】命令；

②【实体编辑】工具栏上的【并集】图标◎按钮；

③ 命令窗口输入命令。

（2）并集运算操作方法　调用命令→全选需并集的面域图形→回车。

2）差集运算（SUBTRACT 或简化为 SU）

它是从一个面域中去掉一个或多个面域，形成一个新面域。

（1）调用命令方法

①下拉菜单【修改】／【实体编辑】／【差集】命令；

②【实体编辑】工具栏上的【差集】图标 ◎ 按钮；

③命令窗口输入命令。

（2）差集运算操作方法

调用命令→选择需差集的一个面域图形→回车→再选择需去掉的面域图形→回车。

3）交集运算 INTERSECT 或简化为 IN）

它是在所有参与运算的面域中求出各个相交面域的公共部分，从而得到一个新面域。

（1）命令调用方法

①下拉菜单【修改】／【实体编辑】／【交集】；

②【实体编辑】工具栏上的【交集】图标 ◎ 按钮；

③命令窗口输入命令。

（2）交集运算操作方法

调用命令→选择需交集的几个面域图形→回车。

做一做　用面域创建法绘制图 8-127 所示的图案。

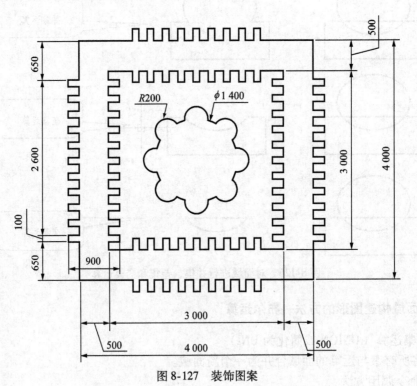

图 8-127　装饰图案

操作提示

①设定绘图区域的大小：10 000 × 10 000；

②绘制图 8-128 所示的图形；

③将图 8-128 的图形创建为面域；

④用大正方形面域"减去"小正方形面域——差集运算；

⑤阵列图形，结果见图 8-129；

⑥并集运算：将圆的面域合并，将方框面域与所有小矩形面域合并（见图 8-130）。

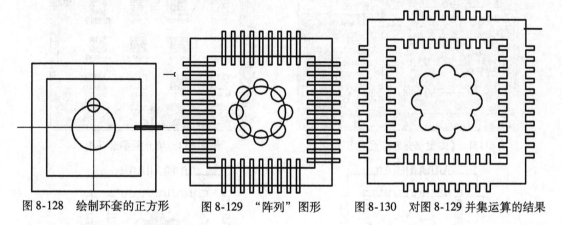

图 8-128　绘制环套的正方形　　　图 8-129　"阵列"图形　　　图 8-130　对图 8-129 并集运算的结果

☞ 学一学 4　图案填充

在制图中常常需要在某一区域填充某种图案，用 AutoCAD 对图案进行填充非常灵活方便。在操作时首先要指定填充边界，一般可用两种方法设定图案填充边界：一种方法是在闭合的区域中选一点，系统将自动搜索闭合的边界；另一种方法是通过选择对象来定义边界。系统提供了许多标准填充图案供大家选用。

1. 图案填充命令

BHATCH 或简化为 BH

2. 【图案填充】命令的调用方法

①下拉菜单【绘图】/【图案填充】命令；

②【图案填充】工具栏上的【图案填充】图标 ▨ 按钮；

③命令窗口输入命令。

3. 图案填充方法

①调用【图案填充】命令→弹出【图案填充和渐变色】对话框，见图 8-131。

②在【图案填充】对话框中选择【图案填充】选项卡→单击【填充图案选项板】按钮，打开【填充图案选项板】对话框→选择填充图案［SOLID］见图 8-132→单击"确定"按钮返回【图案填充和渐变色】对话框→单击"添加拾取点"按钮见图 8-131→系统提示："拾取内部点"。

③在需要填充的区域内单击，系统自动寻找一个闭合边界，如图 8-133 所示→回车→返回【图案填充和渐变色】对话框→单击"确定"按钮，完成图案填充，结果见图 8-134。

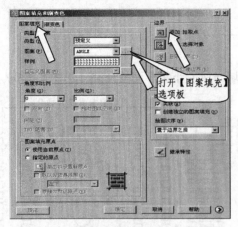

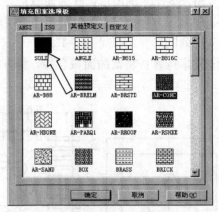

图 8-131　【图案填充和渐变色】对话框　　　　图 8-132　填充图案选项板

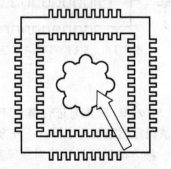

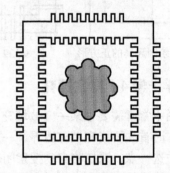

图 8-133　系统自动找到闭合边界　　　　　图 8-134　完成图案填充

注意1

　　剖面图案的间距和角度是可控制的。剖面图案的间距是通过在【图案填充和渐变色】对话框中的【比例】下拉框中进行比例值的设置的（剖面图案的默认比例为 1:1），若比例设置过大就会因不能在区域中插入图案而观察不到；图案的倾斜角度通过在【图案填充和渐变色】对话框中的【角度】下拉框中进行设置。请特别注意，下拉框中显示的角度值并不是图案与 X 轴的倾斜角度，而是图案以 45° 线方向为起始位置的转动角度。例如，输入 45°，图案将逆时针转动 45°，此时与 X 轴的夹角为 90°，见图 8-135。

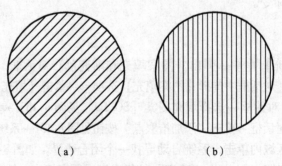

（a）　　　　　　　　　　（b）

图 8-135　图案逆时针转动 45°

注意2

　　若需对已填充的图案进行修改可以通过输入【图案填充编辑】命令：HATCHEDIT（简化为 HE）或通过选择【修改】下拉菜单/【对象】/【图案填充】→选择需修改的图案→

打开【图案填充编辑】对话框→在其中进行相应的修改，见图 8-136。

做一做 按图 8-137 的要求进行填充。

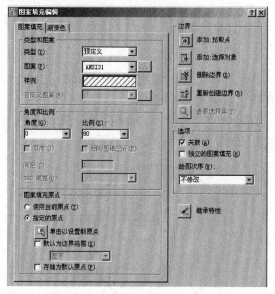

图 8-136 【图案填充编辑】对话框

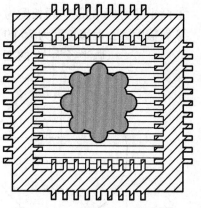

图 8-137 绘出填充要求的图案

习题与思考

1. 完整绘制图 8-112 所示的装饰图案。

2. 绘制图 8-126 所示的图形。

3. 重新独立完成 P151 "做一做" 的任务。

任务五 扶手和拱门的绘制

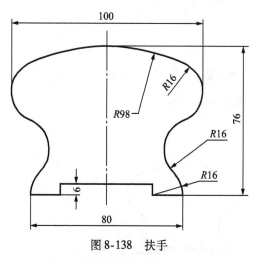

图 8-138 扶手

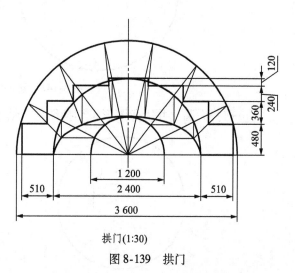

拱门(1:30)

图 8-139 拱门

通过扶手和拱门的绘制学习图形中曲线的画法——做辅助圆和加以适当的修剪完成样条

曲线的绘制。

做一做1 绘制扶手。

1）知识点

直线、圆、修剪、镜像。

2）绘图步骤

①设置图层：轮廓线—粗实线0.3mm、黑色，中心线—细实线、0.15mm、红色。

②画半径为98的圆→画长度为76的直线，如图8-140所示。

③做辅助圆：偏移长度为76的直线，偏移距离为24和50，如图8-141所示。

画半径为16的三个辅助圆，如图8-142所示。

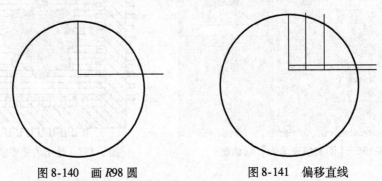

图8-140 画 R98 圆   图8-141 偏移直线

④对图形进行修剪，如图8-143所示。

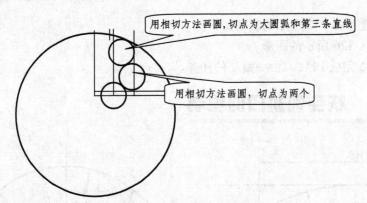

用相切方法画圆，切点为大圆弧和第三条直线

用相切方法画圆，切点为两个

图8-142 画3个 R16 辅助圆

⑤剪去大圆，并镜像图形，切换图层，结果如图8-144所示。

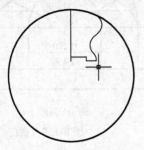

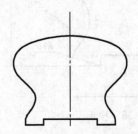

图8-143 修剪图形   图8-144 剪去大圆并镜像图

做一做 2　绘制拱门。

1）知识点

直线、圆和样条曲线的画法，等分点、多段线、多段线的编辑、修剪、镜像、倒直角。

2）绘图步骤

① 画长为 3 600 的直线→画半径为 1 800 的半圆弧→采用偏移的方法画半径为 1 200 和 600 的半圆弧，见图 8-145 所示。

② 将圆弧七等份：下拉菜单【格式】/【点样式】/弹出【点样式】选择框，选择点的样式见图 8-146→再单击下拉菜单【绘图】/【点】/【定数等份】→在系统提示下输入等份点数七，结果见图 8-147 所示。

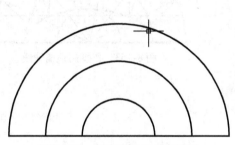

图 8-145　画直线和 3 个半圆弧

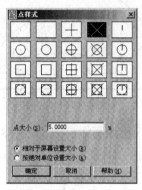

图 8-146　【点样式】选择框

③ 从圆心到各等分点画直线，如图 8-148 所示。

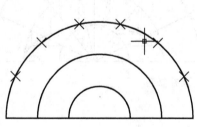

图 8-147　将圆弧七等份

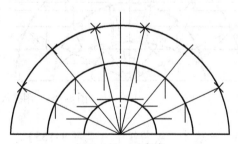

图 8-148　画直线

④ 倒角，如图 8-149 所示。

⑤ 用多段线（PLINE）绘制粗折线，如图 8-150 所示。

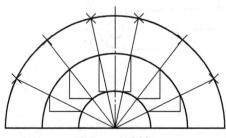

图 8-149　倒角

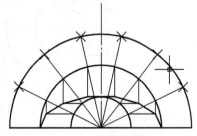

图 8-150　绘制粗折线

⑥ 曲线拟合：下拉菜单【修改】/【对象】/【多段线】→选择多段线→系统提示：见

图 8-151 所示→选择拟合（F），即在命令窗口输入 F 并回车。结果见图 8-152 所示。

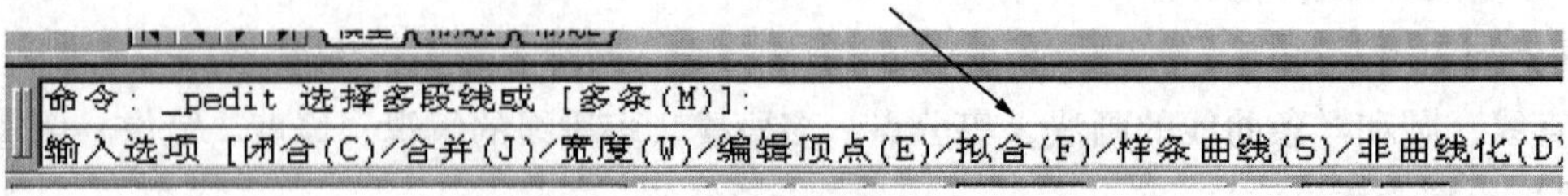

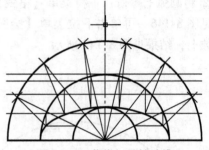

命令: _pedit 选择多段线或 [多条(M)]:
输入选项 [闭合(C)/合并(J)/宽度(W)/编辑顶点(E)/拟合(F)/样条曲线(S)/非曲线化(D)

图 8-151 “命令”和“输入选项”窗口

⑦ 作拱门顶辅助线，如图 8-153 所示。

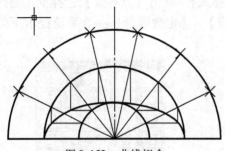

图 8-152 曲线拟合

图 8-153 作拱门顶辅助线

⑧ 用多段线画拱门顶，如图 8-154 所示。

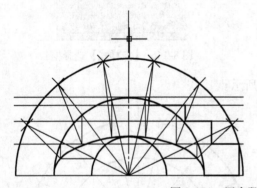

图 8-154 用多段线画拱门顶并修剪

做一做 3 绘制扳手（见图 8-155）。

182
R22
R33
R14
R44
44
ϕ15
R22
R22

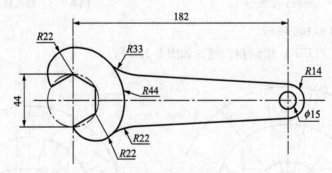

图 8-155 扳手平面图

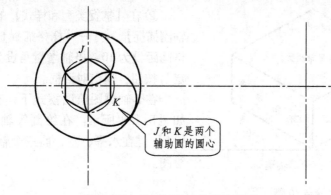

图 8-156　绘制扳手的作图法提示

习题与思考

1. 独立重做 P152 "做一做 1 绘制扶手"。
2. 独立完成 P154 "做一做 3" 的任务。

任务六　绘制工程图

在任务六中通过工程图的绘制学习轴测图的绘制和尺寸标注方法、三视图的绘制方法，图块的创建和存盘、CAD 设计中心的应用、表格的创建、工程图的绘制方法、公差的标注等。

☞ 学一学 1　绘制托架的等轴测图（见图 8-159）

等轴测图实质是三维物体的二维投影图。AutocAD 中提供了等轴测投影模式，利用前面所学过的二维图形的绘图和编辑知识，在等轴测投影模式下可以很容易绘制出等轴测图。

1. 等轴测图的绘制模式

① 选取菜单命令：【工具】/【草图设置】→打开【草图设置】对话框→进入【捕捉和栅格】选项卡，见图 8-157。

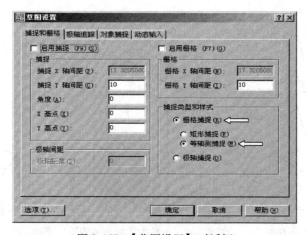

图 8-157　【草图设置】对话框

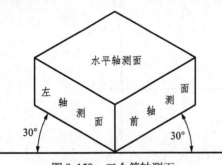

图 8-158　三个等轴测面

②在【捕捉类型和样式】的选项中选取【等轴测捕捉】→打开【栅格捕捉】和正交模式→栅格间距设为 10→极轴增量角设为 15°→单击"确定"按钮，退出对话框。

在等轴测图绘图模式下，有三个等轴测面，如图 8-158 所示。在绘制等轴测图时，可使用【F5】键在水平、左、前三个轴测面中进行切换绘图。

2. 等轴测图的绘制步骤

（1）打开等轴测图绘制模式

打开"极轴"、"对象捕捉"、"对象追踪"，且极轴增量角设为 15°。

（2）绘制等轴测图上与轴测轴平行的直线

必须打开"正交"（或"极轴"），以保证在某一轴测面上绘直线时，十字光标可沿相应的轴测轴移动。一般先绘制水平轴测面，然后再切换到左轴侧面或前轴侧面绘制。

（3）在轴测面上画圆

首先要切换到圆所在的轴测面，然后调用【椭圆】命令的【等轴测圆】选项进行绘制。单击绘图工具栏的椭圆图标按钮，系统提示：

指定椭圆轴的端点或 ［圆弧(A)/中心点(c)/等轴测圆(I)］：I ↙

指定等轴测圆的圆心：

指定等轴测圆的半径或 ［直径(D)］：

（4）在轴测图上画圆弧

首先要切换到圆弧所在的轴测面，然后调用【椭圆】命令的【等轴测圆】选项，先进行等轴测圆的绘制，然后用修剪命令将等轴测圆修剪成等轴测圆弧。

3. 绘制托架（见图 8-159）的等轴测图

（1）绘制小长方体的等轴测图（见图 8-160）

（2）绘制大长方体的等轴测图（见图 8-161）

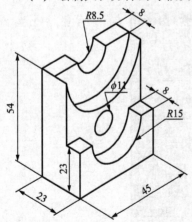

图 8-159　"托架"立体图

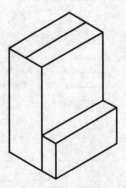

图 8-160　小长方体的等轴测图

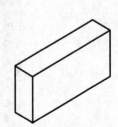

图 8-161　大长方体的等轴测图

（3）绘制小长方体上的半圆弧

按［F5］键，切换到右轴侧面→圆心采用中点捕捉方式选在长边的中点画圆（见图 8-162）→运用【修剪】剪去上半个椭圆弧（见图 8-163）→按［F5］键，切换到上轴侧面，将下半个椭圆弧沿 Y 轴方向复制（见图 8-164，见图 8-165）→用直线将两圆弧进行连接（见图 8-166）→修剪多余线条（见图 8-167）。

（4）用同样方法绘制其他几个半圆孔和圆孔，完成绘制

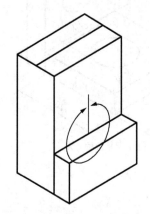

图 8-162　在长边中点画圆

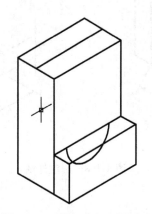

图 8-163　剪去上半个椭圆弧

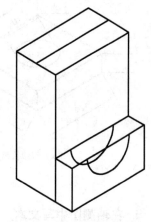

图 8-164　复制下半个椭圆弧

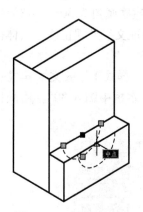

图 8-165　复制椭圆弧

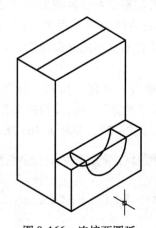

图 8-166　连接两圆弧

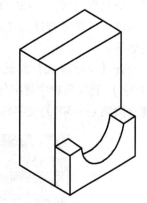

图 8-167　修剪并完成绘制

4. 轴测图的尺寸标注

当用标注命令在轴测图中创建尺寸后，其外观看起来与轴测图本身不协调。为了让某个轴测面内的尺寸标注看起来就像是在该轴测面中，就需要将尺寸线、尺寸界线均倾斜某一角度，以使它们与相应的轴测轴平行。此外，标注文本也必须设置成倾斜某一角度的形式，才能使文本的外观也具有立体感。图 8-168 所示为标注尺寸的初始状态图（a）与调整外观后图（b）的效果比较。

由于等轴测图中，只有沿与轴测轴平行的方向进行测量才能得到真实的距离值，因而应先选择对齐标注方式；由于此时所标的尺寸界限与图中的线段不平行，还应选择倾斜标注方式进行调整，调整的方法是：【标注】下拉菜单【/倾斜】→选择要改变界限方向的尺寸→回车→输入角度（根据尺寸界限的方向输入 30°、90°、150°）→回车，使尺寸界限的方向

与轴测轴的方向一致。

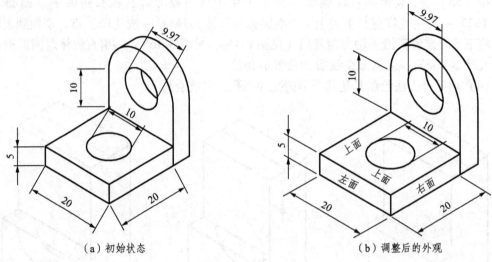

（a）初始状态　　　　　　　　　　　　　　（b）调整后的外观

图 8-168　标注外观

5. 在轴测图中写文本

为了使某个轴测面上的文字看起来就在该轴测面内，必须根据各轴测面的位置将文字倾斜某一个角度（30°、−30°）。因此在轴测图上写文字时，应先建立倾角为 30°、−30°的两种文本样式。利用合适的文本样式控制文本的倾斜角度，就可保证文字外观正确。具体操作方法如下：

打开【文字样式】对话框→单击"新建"按钮，建立名为"样式 1"的文本样式→在【字体名】下拉列表中将字体设为"楷体"→在【倾斜角度】文本框中输入 30°。用同样方法建立倾角是 −30°的文字样式"样式 −2"，见图 8-169 所示。

图 8-169　【文字样式】设置对话框

轴测面上各文本倾斜角度为：在左轴测面上，文本需倾斜 −30°、文字需旋转 −30°；在右轴测面上，文本需倾斜 30°、文字需旋转 30°；在上轴测面上，文本平行 X 轴需倾斜 −30°、文字需旋转 30°、文本平行 Y 轴需倾斜 30°、文字需旋转 −30°。

做一做1 绘制托架（见图 8-170）的等轴测图。

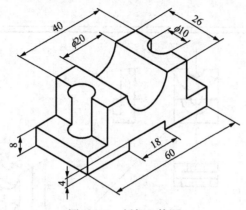

图 8-170 托架立体图

作图提示

① 按【F5】键切换到右轴测平面，绘制形体的前表面，再绘制前表面上的圆→复制前表面图形，见图 8-171 所示。→用直线连接前后两个表面，并进行修剪，结果见图 8-172。

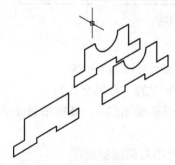

图 8-171 绘制前表面

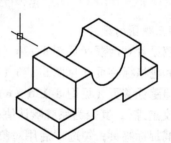

图 8-172 用直线连接前后表面

② 按【F5】键将轴测平面切换到水平面，捕捉左右棱线上的中点，画出三个水平圆，并画出椭圆槽与平面的交线，如图 8-173 所示。

③ 进行修剪，完成绘制。

做一做2 绘制如图 8-174 所示托架的等轴测图。

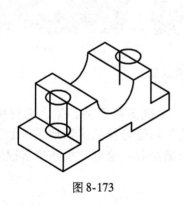

图 8-173

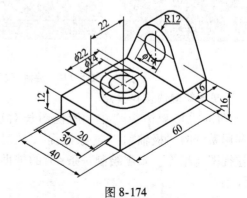

图 8-174

做一做3　绘制托架（见图8-175）的三视图。

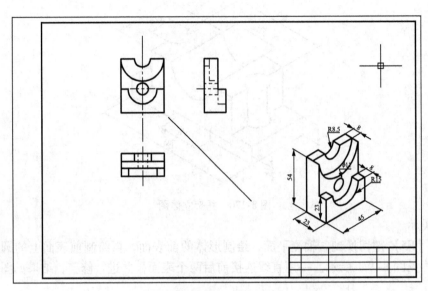

图8-175　托架及其三视图

1）绘制三视图的设置

打开草图设置对话框（见图8-176（a）），在对话框中进行如下设置：

在捕捉和栅格标签页（见图8-176（b）），选用右下方的【极轴捕捉】；

在极轴追踪标签页（见图8-176（c））勾选"启用极轴追踪"，极轴增量角设为45°，单选"仅正交追踪"，其余为系统默认值；

在对象捕捉标签页，勾选"启用对象捕捉"和"启用对象捕捉追踪"。

　　（a）

　　（b）

　　（c）

图8-176　绘制三视图的相关设置

2）三视图绘制的操作要点

三视图的投影规律为"主、俯视图长对正，主、左视图高平齐，俯、左视图宽相等"。利用系统的"极轴"、"对象捕捉"、"对象追踪"功能可精确灵活地予以绘制。而"俯、左视图宽相等"则需绘制一条45°的辅助线来帮助绘制。绘制三视图应掌握以下操作技巧：

① 绘制定长直线。

当系统提示"指定直线下一点时，一般情况应输入直线下一点的 x、y 坐标。但所绘制的直线与显示的极轴矢量对齐时，直接输入直线长度值即可。利用此技术可快速绘制水平线、垂直线及其他与极轴增量角倍角矢量对齐的定长直线。

② 用"直线绘制"命令快速绘制首尾准确相接的矩形。

单击绘制直线的图标，使用极轴追踪功能可快速绘制矩形的上边线和右边线。因为矩形下边线的左端点的 x 坐标应和矩形的上边线左端点的 x 坐标相等，所以，当系统要求指定下边线左端点时，光标移至上边线的左端点暂停，然后向下移动鼠标，实现对象追踪上边线左端点的 x 坐标，见图8-177 所示。

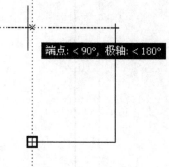

图 8-177　绘制矩形

③ "主、俯视图长对正，主、左视图高平齐"。

当绘制或编辑图形对象时，若要对齐某一点的坐标，先保证"极轴"、"对象捕捉"和"对象追踪"处于打开状态，然后移动鼠标至该点暂停（"对象捕捉"精确捕捉到该点），然后向下移动鼠标，"对象追踪"将显示对齐 x 坐标的正交追踪矢量—垂直矢量，将实现"主、俯视图长对正"，见图9-178 所示。

若向右移动鼠标，"对象追踪"将显示对齐 y 坐标的正交追踪矢量—水平矢量，将实现"主、左视图高平齐"。

④ "俯、左视图宽相等"。

在屏幕适当位置绘制一条45°的辅助线。单击绘制直线的图标，捕捉俯视图上须对齐的点作为直线起始点，向右移动鼠标，系统将显示对象追踪矢量，当出现该矢量与45°的辅助线的交点标记时单击。在左视图，可捕捉该交点，并向上移动鼠标实现"俯、左视图宽相等"的对象追踪，见图8-179 所示。

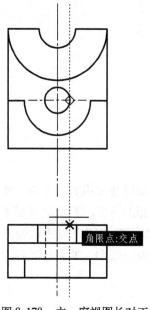

图 8-178　主、俯视图长对正

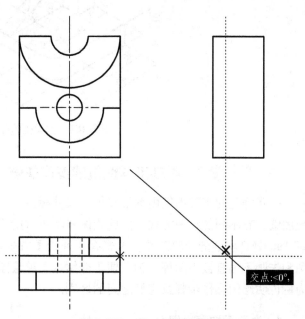

图 8-179　俯、左视图宽相等

做一做 4　绘制轴承座的三视图和等轴测图（见图 8-180 和图 8-181）。

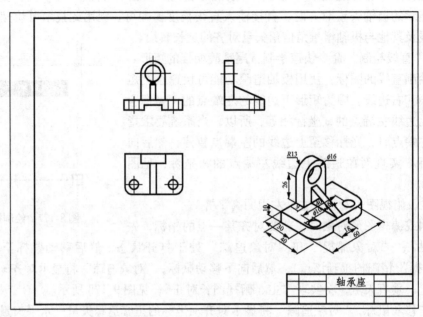

图 8-180　轴承座及其三视图

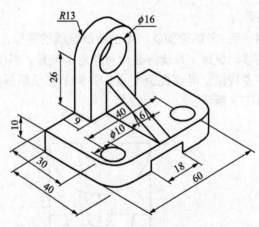

图 8-181　轴承座的等轴测图

☞ 学一学 2　绘制工程图纸的操作步骤

一张完整的工程图纸由图形实体、尺寸标注、文字标注和图幅等部分组成。要画一张工程图纸，有不同的绘图方式，因此绘图步骤也有所不同，但总体相差不多。根据笔者多年从事 AutoCAD 实践的经验来看，大概有 3 种绘图方式，即先画后缩直接出图、边缩边画再出图和先画不缩直接出图等。为了便于介绍这 3 种绘图方式，现以画一张 1:5 的 1 号工程图纸为例说明绘图操作步骤及它们之间的区别。

1. 先画后缩再出图

这种绘图方式的操作步骤如下：

（1）先按 1:1 比例绘出所有图形实体，即按图纸的具体尺寸真实绘制。比如图纸中线段 AB 的尺寸标注长度为 800mm，那么就在屏幕上画 800 个图形单位长的线来表达该线段。

（2）绘制完图纸中的所有图形实体之后，启动"Scale"命令，将所有图形实体缩小 5 倍，即绘图比例为 1:5。

（3）利用 Insert（插入）命令，将早已定义的 1 号标准图幅 A1（文件名为 A1. DWG），按 1:1 比例，插入到当前图形文件中。

🐝 注意

所插入的"1 号标准图幅 A1 是用户严格参照国家标准来创建的，即图幅长为 841 个图形单位，宽为 594 个图形单位。

（4）利用 Move 命令，调整图框和各视图之间的相互位置关系，以使图纸各部分布局合理匀称。

🐝 注意

在调整相互位置关系时，应注意各视图之间的对应关系，以免产生相互错位。

（5）启动 Dimstyle 命令，在【主单位】选项卡中，将【比例因子】的值设为 5（即尺寸标注比例为 5），并保存该尺寸标注样式。

（6）在该尺寸标注样式下标注全部尺寸。

（7）利用"Style"命令，设置各字体样式的标准字高。

（8）标注文字。

（9）启动 Plot 命令，在【打印设置】选项卡的【图纸尺寸和图纸单位】选项组中，选择【毫米】单选按钮，确定采用 mm 作为长度单位；在【打印比例】选项组中，设置【比例】为 1:1，即确认出图比例为 1:1。

（10）在【打印】对话框内，设置完其他参数后，单击"确定"按钮，即可将当前图形文件绘出。

2. 边缩边画再出图

这种绘图方式的操作步骤如下：

（1）先按 1:5 比例绘制所有图形实体，即和手工绘图阶段类似，图纸上所画的线条和打印绘出的线条一样长。比如图纸中线段 AB 的尺寸标准长度为 800mm，那么先用计算器将 800/5 = 160 计算出来，然后在绘图区内画 160 个图形单位长的线表达该线段。

（2）绘制完图纸中的所有图形实体后，启动"Insert"命令，将用户早已定义的 1 号标准图幅 A1 按 1:1 比例插入到当前图形文件中。

（3）利用"Move"命令，调整图框和各视图之间的相互位置关系，以使图纸各部分布局合理、匀称。

（4）启动"Dimstyle"命令，在【主单位】选项卡中，将【比例因子】的值设为 5（即尺寸标注比例为 5），并保存该尺寸标注样式。

（5）在该尺寸标注样式下，标注全部尺寸。

（6）利用 Style 命令，设置各字体样式的标注字高。

（7）标注文字。

（8）启动"Plot"命令，在【打印设置】选项卡的【图纸尺寸和图纸单位】选项组中，选择【毫米】单选按钮，确定采用毫米作为长度单位；在【打印比例】选项组中，设置比例为1:1，即确认出图比例为1:1。

（9）在【打印】对话框内，设置完其他参数后，单击"确定"按钮，即可将当前图形文件绘出。

3. 先画不缩直接出图

这种绘图方式的操作步骤如下：

（1）先按1:1比例绘制所有图形实体，即按图纸具体尺寸真实绘制。比如图纸中线段AB尺寸标注长度为800mm，那么就在屏幕上画800个图形单位长的线来表达该线段。

（2）绘制完图纸中所有图形实体后，启动"Insert"命令，将用户早已定义的1号标准图幅A1按放大5倍的比例（即5:1）插入到当前图形文件中。

（3）利用"Move"命令，调整图框和各视图之间的相互位置关系，以使图纸各部分布局合理、匀称。

（4）启动"Dimstyle"命令，在【主单位】选项卡中，将【比例因子】的值设为"1"（即尺寸标注比例为"1"），并保存该尺寸标注样式。

（5）在该尺寸标注样式下，标注全部尺寸。

（6）利用"Style"命令，设置各字体样式的字高为标准字高的5倍。

（7）标注文字。

（8）启动"Plot"命令，在【打印设置】选项卡的【图纸尺寸和图纸单位】选项组中，选择【毫米】单选按钮，确定采用毫米作为长度单位；在【打印比例】选项组中，设置比例为1:5，即确认出图比例为1:5。

（9）在【打印】对话框内，设置完其他参数后，单击"确定"按钮，即可将当前图形打印绘出。

4. 三种绘图方式的比较

综上所述，在一般工程制图中，用户都可以采用上述3种绘图方式中的某一种来绘制同一张工程图纸，最终效果都相同。但是对于不同绘图方式，操作的简繁程度不尽不同。通过以下的比较，相信用户对这3种绘图方式的优劣一定会有所了解。

在手工绘图阶段，通常是根据已确定的比例，先将图形上的尺寸标注数值折算成缩小（或放大）后的比例数值，再按该比例数值在图纸上画相对应的线条。对于一些常规比例（如1:2，1:5，1:10等），用户还要用口算的方法快速计算出尺寸标注的比例数值，但对于一些不常用比例（如1:3，1:4，1:8，1:12，1:15等），只好借助于计算器来计算尺寸标注的比例数值，然后再按此数值画图，十分麻烦。在AutoCAD中，用户可以按图纸上按所标注的尺寸（即按1:1比例）来绘制图形实体，而无须先按比例计算出尺寸标注的比例数值后再画图。因此，上述第2种方式就显得十分烦琐。

按1:1比例画完所有图形实体后，根据笔者的经验，最好还是要用"Scale"命令将所有图形实体缩小成1:5。通常在创建图幅时应严格参照国家标准按1:1的比例来绘制。这样从方便操作的角度来看，用户还是先用"Scale"命令将所有图形实体缩放一下，再按比例1:1插入所需的图幅，以保证所有的图形实体均包含于图框中；然后就可用正常的字高标注文字，最后再用1:1的比例（即出图比例为1）来打印绘出。当然，用户还可按第三种方式来绘制图纸，但由于没有用"Scale"命令将图形实体缩小，所以在插入1号图幅标准图框时就必须将图框放大5倍，然后用正常字高的5倍来标注文字。注意，最后在出图时还需设置出图比例为1:5。

从上面的比较可以看出，第1种绘图方式思路最清楚、操作最简便，也最容易掌握，因而建议用户（特别是不具有相当AutoCAD绘图基础的一般用户）最好采用第1种绘图方式绘图。第3种绘图方式操作较第1种烦琐，而且也不太好掌握，只适于对AutoCAD绘图中各种比例概念十分清楚的用户使用。而第2种绘图方式操作最麻烦，建议用户不要使用该方式。

做一做1　绘制管轴焊件的工程图。

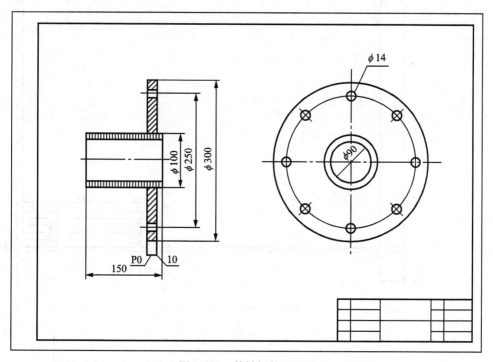

图8-182　管轴焊件工程图

1）设置绘图环境

（1）设置新图层

图　层	颜　色	线　型	线　宽
粗实线	黑	Continuous	0.30
虚　线	黄	Dashed	0.15
中心线	红	Center	0.15
尺寸线	绿	Continuous	0.15
文　字	黑	Continuous	0.15
剖面线	黑	Continuous	0.15

（2）设置文字样式

文字样式名	字　体　名	宽度比例
汉字长仿宋体	仿宋体 GB－2312	0.67
字母长仿宋体	Italic. shx	0.67

2）绘制图幅并存盘

（1）绘制图框和标题栏

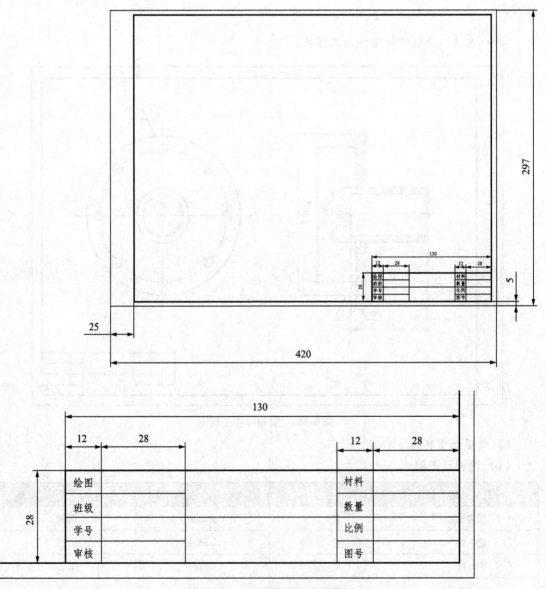

图 8-183　工程图图幅和标题栏

利用插入表格的方法绘制标题栏的操作步骤如下：

① 创建表格样式1　【格式】下拉菜单/【表格样式】→打开【表格样式】对话框（见图8-184）→在对话框中单击"新建"按钮→弹出【创建新的表格样式】对话框（见图8-185）→"在新样式名"文本框中输入名称A3→单击"继续"按钮→弹出【修改表格样式：A3】对话框，见图8-186→在该对话框中的"数据"选项卡下，设置文字高度为1，选定文字样式；（注意：这里不需选择"列标题和标题"选项卡）→单击"确定"按钮，并将A3置为当前，见图8-187所示。

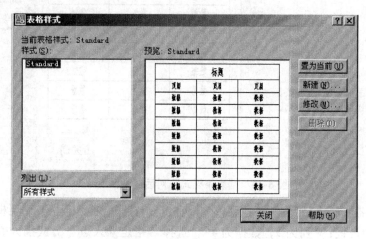

图 8-184　【表格样式】对话框

图 8-185　【创建新的表格样式】对话框

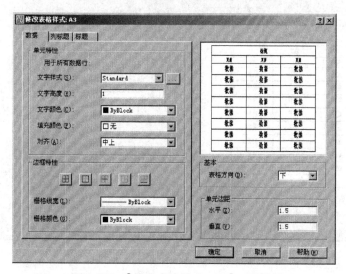

图 8-186　【修改表格样式：A3】对话框

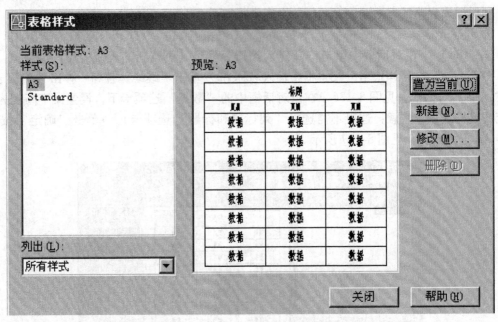

图 8-187　"表格样式"对话框中预设 A3

　　② 创建表格样式 2　【绘图】下拉菜单/【表格】→打开【插入表格】对话框（见图 8-188）→在该对话框中设置："列为 5，数据为 4"，选择"指定插入点"方式插入表格→确定→返回绘图窗口→指定插入点，完成表格插入，如图 8-189 所示。

　　③ 编辑表格　选择前两行表格单元→单击右键，弹出快捷菜单→选择"删除行"，如图 8-190 所示。

　　④ 调整表格大小　选择表格单元→单击右键→选择【特性】菜单→打开【特性】对话框，在该对话框中进行设置，如图 8-191、图 8-192 所示。

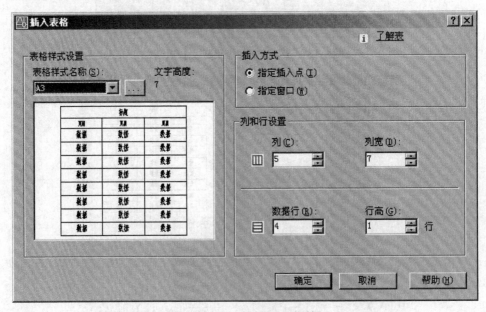

图 8-188　"插入表格"对话框

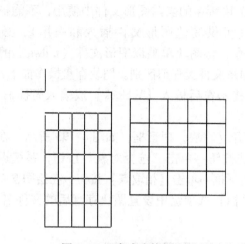

图 8-189　完成表格插入　　　　　　　　　　图 8-190　编辑表格

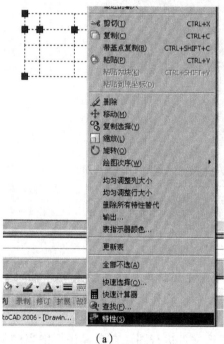

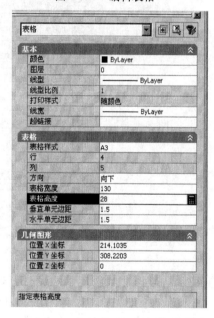

（a）　　　　　　　　　　　　　　　　（b）

图 8-191　选择表格【特性】菜单和打开【特性】对话框

图 8-192

（2）将图框以图块的形式存盘

将图形定义成块可用"Block（或 Bmake）"或"wblock（即 Write Block，图块存盘）"命令。但用"Block"定义的图块，只能在图块所在的当前图形文件中使用，不能被其他图形文件引用。为了使图块成为公共图块（可供其他图形文件插入和引用），必须使用"wblock"（即 Write Block，图块存盘）命令，将图块单独以图形文件（t. dwg）的形式存盘。用"Wblock"定义的图形文件和其他图形文件无任何区别。图块存盘操作如下：

① 调用命令的方法。可以在"命令"提示符后输入【Wblock】或输入简捷命令【w】并回车以启动图块存盘命令。

② 启动 Wblock 命令后，AutoCAD 将打开【写块】对话框，如图 8-193 所示。在该对话框中，选择【源】选项组中的【对象】单选按钮→单击"选择对象"按钮，系统返回绘图窗口→选择目标图形→系统返回【写块】对话框→单击【拾取点】按钮→在绘图窗口选择块插入点→系统返回【写块】对话框→在【目标】选项组中设置图块存盘后的文件名、路径。单击"确定"按钮，完成图块存盘。

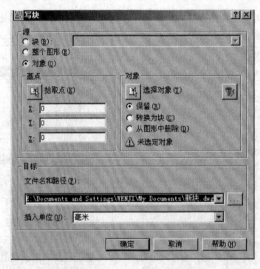

图 8-193 "写块"对话框

提示：选择【对象】单选按钮，这种操作方法简单，省去了先用【Block】进行块定义这一步骤，建议常采用这种方法，以提高效率。只有选择【对象】选项后，AutoCAD 才允许使用【基点】选项组和【对象】选项组中的各选项。

【整个图形】单选按钮，用于将整个当前图形文件进行图块存盘操作，把当前的图形文件当作一个独立的图块看待。

3）绘制主视图

4）绘制左视图

5）插入图幅

按放大 2 倍的比例（即 2:1）插入到当前图形文件中。

6）调整图幅与主视图和左视图之间的位置，使之分布匀称

7）分解图幅，通过属性管理器修改标题拦中的图名和绘图比例

8）绘制剖面线

设置"图案"为 ANS131，"角度"为 0°和 90°

9) 设置尺寸标注样式并标注尺寸

在【修改标注样式】对话框中选取【调整】选项卡,在【使用全局比例】文本框中设定标注的全局比例因子——标注的全局比例应为打印比例的倒数,即2,如图8-194所示。

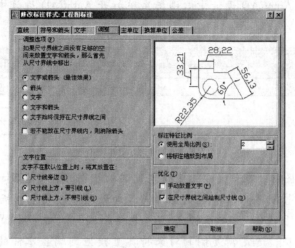

图8-194 【修改标注样式:工程图标注】对话框

在【修改标注样式】对话框中选取【直线和箭头】选项卡,设置超出尺寸线为1.8,起点偏移量为2,基线间距为8。

在【修改标注样式】对话框中选取【文字】选项卡中的【文字样式】下拉列表中选择【标注文字】,在【文字高度】、【从尺寸线偏移】文本框中分别输入3.5和0.8。

10) 启动打印命令

在【打印设置】选项卡的【图纸尺寸和图纸单位】选项组中,选择【毫米】单选按钮,以毫米作长度单位;在【打印比例】选项组中,设置比例为1:5,即确认出图比例为1:5。

做一做2 绘制如图8-195所示的端盖零件工程图。

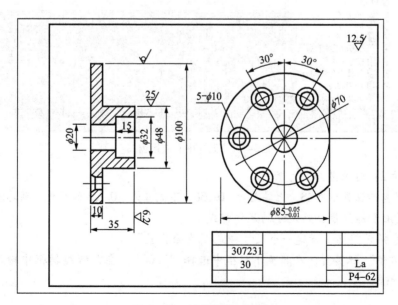

图8-195 端盖零件工程图

绘制提示 1：快速设置绘图环境的方法—设计中心的应用

在管轴焊件的图形中，已对文字样式、尺寸样式和图层定义等做了合适的设置。现在使用 AutoCAD 设计中心，复制管轴焊件的有关图形内容并粘贴到端盖图形中，以简化设置绘图环境的操作。单击 AutoCAD 设计中心图标系统打开 AutoCAD 设计中心窗口。见图 8-196 所示。

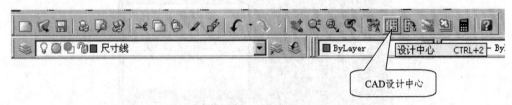

图 8-196　打开设计中心

单击上方的加载图标，在设计中心窗口左侧的树状图中，查找到"管轴焊件 . dwg"文件并选中。系统将"管轴焊件 . dwg"的图形内容加载到右侧的控制板中。分别双击窗口右侧控制板的"块"、"图层"、"标注样式"、"表格样式"、"文字样式"和"线型"项目，在其显示的详细列表中，选定需复制的对象将其直接拖到端盖零件的图形区。见图 8-197 所示。

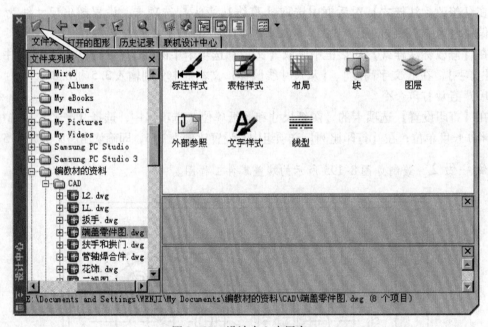

图 8-197　设计中心应用窗口

绘制提示 2：带公差的尺寸标注

例如，若需标注直径为 48，上偏差为 –0.056，下偏差为 –0.105 的尺寸，则具体操作如下：

1）设置用于标注带公差尺寸的尺寸样式

单击尺寸样式图标，新建一个尺寸样式"直径公差"。

选"主单位"标签页，在精度下拉框中选择"0.00"。在前缀编辑框中输入"%%c"，如图 8-198 所示。

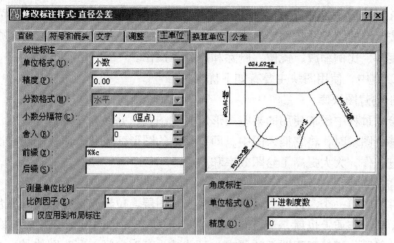

图 8-198 标注参数修改框

选"公差"标签页，在"方式"下拉框中选择"极限偏差"。在精度下拉框中选择"0.0000"。在"上偏差"编辑框中输入－0.056，在"下偏差"编辑框中输入0.105（注意不要输入负号），在"高度比例"编辑框中输入0.6，在"垂直位置"下拉框中选择"中"，然后单击"确定"按钮即可。如果标注的偏差是一个数"0"，而国标规定标注时上下偏差要上下对齐，故此时标注时应在0的前边加一个空格，使空格与"＋"对齐，如图8-199所示。

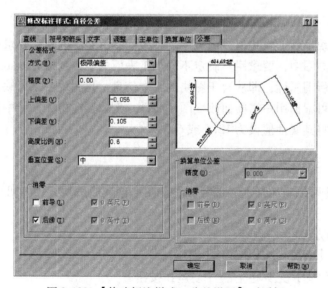

图 8-199 【修改标注样式：公差设置】对话框

2）将标注样式控件中的"直径公差"设为当前标注样式，并对带公差的对象进行标注。

3）单击特性图标，使用特性窗口，可对尺寸公差的上下偏差等参数进行修改。

☞ 学一学3 图块创建、直径标注和"打断"等编辑命令的应用

1. 图块的特点

图块是一组图形实体的总称。在一个图块中，各图形实体均有各自的图层、线型、颜色

等特征，但 AutoCAD 总是把图块作为一个单独的、完整的对象来操作。用户可以根据实际需要将图块按给定的缩放系数和旋转角度插入到指定的任一位置，也可以对整个图块进行复制、移动、旋转、比例缩放、镜像、删除和阵列等操作。

在 AutoCAD 中，使用图块主要有如下优点：

（1）便于创建图块库

如果将绘图过程中经常使用的某些图形定义成图块，并保存在磁盘上，就形成一个图块库。当需要某个图块时，将它插入图中，即把复杂的图形变成几个简单图块拼凑而成，避免了大量的重复工作，大大提高了绘图效率和质量。

（2）节省磁盘空间

图形文件中的每一个实体都有其特征参数，如图层、位置坐标、线型和颜色等。用户保存所绘制的图形，实质上也就是让 AutoCAD 将图中所有实体的特征参数保存在磁盘上。利用插入图块功能既能满足工程图纸的要求，又能减少存储空间。因为图块是一个整体图形单元，所以每次插入时，AutoCAD 只需保存该图块的特征参数（如图块名、插入点坐标、缩放比例以及旋转角度等），而不需保存该图块中每一个实体的特征参数。特别是在绘制相对比较复杂的图形时，利用图块就会节省大量的磁盘空间。

（3）便于图形修改

在工程项目中，特别是在讨论方案、产品设计、技术改造等阶段，经常需要反复修改图形。如果在当前图形中修改或更新一个早已定义的图块，AutoCAD 将会自动更新图中插入的所有图块。

（4）便于携带

有些常用的图块虽然形状相似，但需要用户根据制造装配的实际要求确定特定的技术参数。例如，在机械制图中，要求用户确定不同加工表面的粗糙度值。AutoCAD2006 允许用户为图块携带属性。所谓属性，即从属于图块的文本信息，是图块中不可缺少的组成部分。在每次插入图块时，可根据用户需要而改变图块属性。例如，在机械设计中插入该图块的表面粗糙度时，就可以将其属性值设为 12.5 或 6.3。

2. 创建图块

用 BLOCK 命令可以将图形的一部分或整个图形创建成图块，用户可以给图块起名，并可定义插入基点。

（1）命令调用方法

- 菜单命令：【绘图】／【块】／【创建】。
- 工具栏：【绘图】工具栏上的【创建】按钮 。
- 在命令窗口输入命令：BLOCK 或简写 B。

（2）操作方法

调用命令→打开【块定义】对话框，如图 8-200 所示。在【名称】文本框中输入新建图块的名称→单击"选择对象"按钮，返回绘图窗口；系统提示"选择对象"：用鼠标选择图形→回车，返回对话框指定块的插入基点：单击"拾取点"按钮，系统返回绘图窗口；并提示"指定插入点"：用鼠标在图中选定插入点→返回对话框，单击"确定"按钮，生成图块。

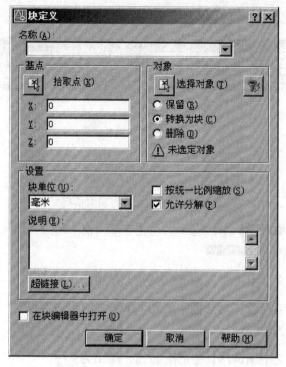

图 8-200 【块定义】对话框

3. 工程图中的特殊符号

（1）工程图中的特殊符号代码

工程图中用到的许多符号都不能通过标准键盘直接输入，如文字的下划线、直径代号等。当用户利用 DTEXT 命令创建文字注释时，必须输入特殊的代码来产生特定的字符，这些代码及对应的特殊符号见表 8-1 所示。

表 8-1 特殊字符的代码

代　码	字　符
%%O	文字的上画线
%%U	文字的下画线
%%d	角度的度符号
%%p .	表示"±"
%%C	直径代号

例如：

$$%\%P0.01 \qquad \pm0.01$$
$$%\%OAA \qquad \overline{\overline{AA}}$$
$$%\%UBB \qquad \underline{\underline{BB}}$$

（2）公差的书写形式

公差的书写形式必须使用多行文字创建。操作方法为如下：

① 调用【创建多行文字】命令。单击下拉菜单【绘图】/【文字】/【创建多行文字】或单击【绘图工具栏】上的【创建多行文字】按钮 ^A^ 或输入 MTEXT 命令，打开【多行文

字编辑器】对话框，如图 8-201 所示。

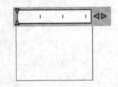

图 8-201　多行文字编辑对话框

②在【多行文字编辑器】对话框中的在文字输入框中输入：$50 + 0.5^{\wedge} - 0.3$
并将偏差部分选中 50|0.5^ - 0.3

③再单击【多行文字编辑器】中的 ⌐ 按钮，结果为：$50^{+0.5}_{-0.3}$

④在【多行文字编辑器】对话框中的在文字输入框中输入：3/4
并将 3/4 偏差部分选中。

⑤再单击【多行文字编辑器】中的 ⌐ 按钮，结果为：$\dfrac{3}{4}$

4. 工程图中直径的几种典型标注形式

（1）将标注文字水平放置（见图 8-202）

打开【标注样式管理器】对话框→单击"替代"按钮→在【文字】选项卡中，将文字对齐方式设为【水平】→单击"确定"按钮即可。

（2）将尺寸线放在圆弧外侧、字水平（见图 8-203）

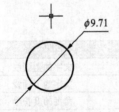

图 8-202　标注文字水平放置　　　图 8-203　尺寸线在圆弧外侧、字水平放置

打开【标注样式管理器】对话框→单击"替代"按钮→在【文字】选项卡中，将文字对齐方式设为【水平】→在【调整】选项卡中取消【文字始终保持在尺寸界限之间】和【在尺寸界限之间绘制尺寸线】的选项→单击"确定"按钮即可（见图 8-204）。

5. CAD 设计中心

"AutoCAD 设计中心"为用户提供了一种直观、高效的与 Windows 资源管理器相似的操作界面，用户通过它可以很容易地查找和组织本地局域网络或 Intemet 上存储的图形文件，同时还能方便地利用其他图形资源及图形文件中的块、文本样式及尺寸样式等内容。此外，如果用户打开多个文件时还能通过"设计中心"进行有效的管理。

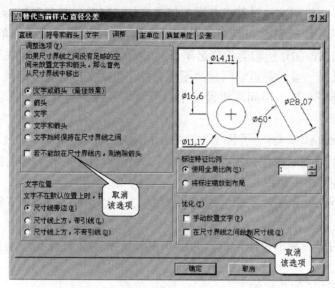

图 8-204　【替代当前样式：直径公差】对话框

AutoCAD 设计中心的主要功能具体概括为以下几点。

① 可以从本地磁盘、网络、甚至 Intemet 上浏览图形文件的内容，并可通过设计中心打开文件。

② 设计中心可以将某一图形文件中包含的块、图层、文本样式及尺寸样式等信息展示出来，并提供预览功能。

③ 利用拖放操作就可以将一个图形文件或块、图层、文字样式等插入另一图形中使用。

④ 可以快速查找存储在其他位置的图样、图块、文字样式、标注样式及图层等信息。搜索完成后，可将结果加载到"设计中心"或直接拖入当前图形中使用。下面通过两个练习来熟悉设计中心的使用方法。

【例 8-1】利用设计中心查看图形及打开图形。

① 单击【标准】工具栏上的团按钮，打开【设计中心】对话框，如图 8-205 所示。该对话框包含以下 4 个选项卡。

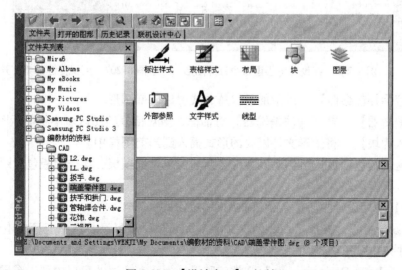

图 8-205　【设计中心】对话框

a. 【文件夹】　　显示本地计算机及网上邻居的信息资源，与 Windows 资源管理器类似。

b. 【打开的图形】　　列出当前 AutoCAD 中所有打开的图形文件。单击文件名前的图标，设计中心即列出该图形所包含的命名项目，如图层、文字样式及图块等。

c. 【历史记录】　　显示最近访问过的图形文件，包括文件的完整路径。

d. 【联机设计中心】　　访问联机设计中心网页。该网页包含块、符号库、制造商及联机目录等内容。

② 查找"AutoCAD 2006"子目录，选中子目录中的"Sample"文件夹，并将其展开。单击对话框顶部的■·视图按钮，选择【大图标】，结果设计中心在右边的窗口中显示文件夹中图形文件的小型图片，如图 8-206 所示。

③ 选中"db_samp. dwg"图形文件的小型图标，【文件夹】选项卡下部则显示出相应的预览图片及文件路径。

④ 单击鼠标右键，弹出快捷菜单，如图 8-207 所示。单击【在应用程序窗口中打开】选项，则打开此文件。

该菜单中常用选项的功能如下：

- 【浏览】　　列出文件中块、图层及文本样式等命名项目。
- 【添加到收藏夹】　　在收藏夹中创建图形文件的快捷方式，当用户单击设计中心的收藏夹按钮时，能快速找到这个文件的快捷图标。

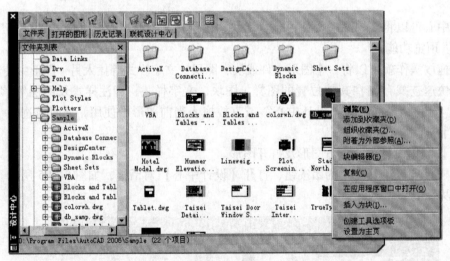

图 8-206　在设计中心窗口中打开图形　　　　图 8-207　用快捷键菜单打开图形文件

- 【附着为外部参照】　　以附加或覆盖方式引用外部图形。
- 【块编辑器】　　打开【块编辑器】对话框，该对话框绘图区域中将显示图形文件。
- 【插入为块】　　将图形文件以块的形式插入到当前图样中。
- 【创建工具选项板】　　创建以文件名命名的工具选项板，该选项板包含图形文件中的所有图块。

【例 8-2】利用设计中心插入建筑图例库中的图块。

① 打开设计中心，查找"AutocAD 2006 \ Sample"子目录，选中子目录中的"Design-Center"文件夹并展开它。

② 选中"House Designer. dwg"文件，则设计中心在右边的窗口中列出图层、图块及文

字样式等项目，如图 8-208 所示。

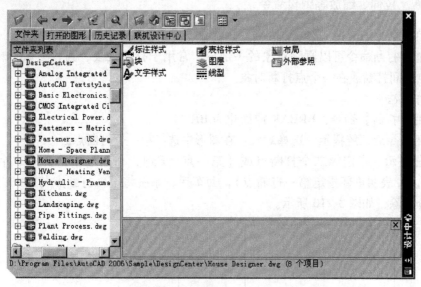

图 8-208 显示图形、图块等项目

③ 选中项目【块】，单击鼠标右键，选择【浏览】选项，设计中心则列出图形中的所有图块，如图 8-209 所示。

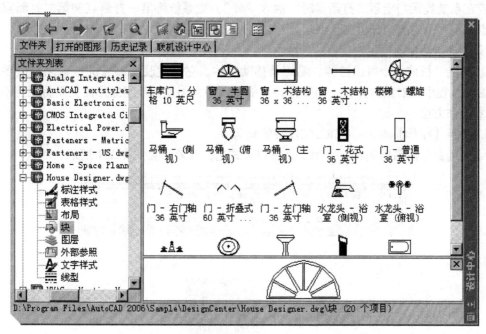

图 8-209 列出图块信息

④ 选中某一图块，单击鼠标右键，出现快捷菜单，选择【插入块】选项，就可将此图块插入到当前图形中。

⑤ 用上述类似的方法可将图层、标注样式及文字样式等项目插入到当前图形中。

6. 打断、拉伸、缩放等编辑命令

（1）打断命令的应用

① 功能　打断命令可以删除对象的一部分，常用于打断线段、圆、圆弧、椭圆等，它可以在两点之间打断或在一个点打断对象。

② 操作方法

a. 调用【打断】命令：BREAK 或简化为 BR

b. 调用命令后系统提示：选择对象：在图形中选择第一个打断点↙

c. 系统提示：指定第二个打断点或［第一点（F）］：在图形中选择第二个打断点↙（或输入 F↙，表明重新指定第一打断点），回车后，系统将第一打断点与第二打断点之间的线段部分删除，如图 8-210 所示。

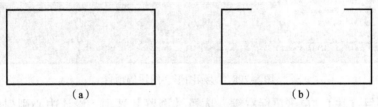

（a）　　　　　　　　　　　　　　　　　（b）

图 8-210　打断线段

若在系统提示指定第二打断点时，输入"@"，则系统将第一打断点和第二打断点视为同一点，将一个对象一分为二。

（2）拉伸命令的应用

① 功能　拉伸命令可以拉伸、缩短及移动实体。它通过改变端点的位置来修改图形对象，编辑过程中除对象被伸长、缩短外，其他图元的大小及相互间的几何关系将保持不变。

② 操作方法

a. 调用【拉伸】命令：STRETCH 或简化为 S

b. 调用命令后系统提示：采用交叉窗口方式选择对象，见图 8-211 所示。

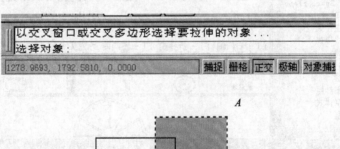

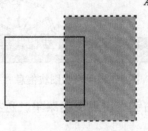

图 8-211　用交叉窗口方式选择对象

选择对象后回车，系统提示：

c. 在图形中指定拉伸的基点"B"，如图 8-212 所示。

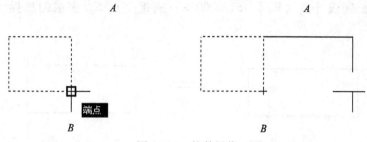

图 8-212　拉伸操作

d. 在图形中单击基点并向右移动鼠标进行拉伸，然后再单击左键确定完成拉伸。见图 8-213 所示。

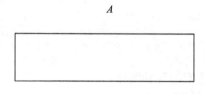

图 8-213　拉伸结果

或在确定基点后，以"距离＜角度"方式输入拉伸距离和方向，再回车确认。

e. 系统提示：指定第二个打断点或［第一点（F）］：在图形中选择第二个打断点↙（或输入 F↙，表明重新指定第一打断点），回车后，系统将第一打断点与第二打断点间的线段部分删除。如图 8-210 所示。

若在系统提示指定第二打断点时，输入"@"，则系统将第一打断点和第二打断点视为同一点，将一个对象一分为二。

（3）缩放命令的应用

① 功能。可将对象按指定的比例因子相对于基点放大或缩小。

可采用下述两种方式进行缩放对象。

a. 选择缩放对象的基点，然后输入缩放比例因子。在将图形按比例变换的过程中，缩放基点在屏幕上的位置将保持不变，它周围的图元以此点为中心按给定的比例因子放大或缩小。

b. 输入一个数值或拾取两点来指定一个参考长度（第一个数值），然后再输入新的数值或拾取另外一点（第二个数值），则系统计算两个数值的比率并以此比率作为缩放比例因子。当用户想将某一对象放大到特定尺寸时，就可使用这种方法。

② 操作方法。

◆ 调用【缩放】命令：SCALE 或简化为 SC；

◆ 调用命令后系统提示：选择对象→选择小矩形 B 后回车；

◆ 系统提示：指定基点→选定基点后回车；

◆ 系统提示：指定比例因子或［复制（C）/参照（R）］＜1.0000＞：输入 R［使用"参照（R）］；

◆ 系统提示：指定参照长度＜1.0000＞：捕捉交点 C；

◆ 系统提示：指定第二点：捕捉交点 D；

◆ 指定新长度或［点（P）］＜1.0000＞：捕捉交点 E，完成缩放操作，如图 8-214 所示。

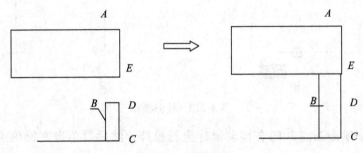

图 8-214　缩放操作

习题与思考

1. 绘制如图 8-168 所示托架的等轴测图。

2. 重新完成 P159 "做一做2" 的任务。

3. 重新完成 P162 "做一做4" 的任务。

4. 独立重做 P171 "做一做2　绘制如图 8-195 所示的端盖零件工程图"。

5. 多次练习【例 8-1】和【例 8-2】的操作内容。

项目九 绘制电气工程图

内容提要

电气工程图是一种示意性的工程图，它主要用图形符号、线框或者简化外形表示设备或系统中各有关组成部分的连接关系。本项目将介绍电气工程相关的基础知识，并参照国家标准 GB/T 1835—2000《电气工程 CAD 制图规则》中常用的有关规定，介绍绘制电气工程图的一般规则，并使用实际绘制标题栏，建立 A3 幅面的样板文件。

学习目标

◆ 电气工程的基础知识
◆ 电气工程图的种类
◆ 电气工程图的制图规范
◆ 了解电气工程图符号的构成和分类
◆ 掌握电气工程图的绘制方法

任务一 绘制变电工程图

☞ 学一学1 电气工程图的基本概念

1. 电气工程图的分类

电气工程包含的范围很广，如电子、电力、工业控制、建筑电气等。虽然应用场合各有不同，但对工程图的要求大致是相同的；当然也有特定要求，规模也大小不一。根据应用范围的不同，电气工程大致可分为以下几类。

（1）电力工程

① 发电工程　根据不同的电源性质，发电工程主要可分为火电、水电、核电三类。发电工程中的电气工程指的是发电厂电气设备的布置、接线、控制及其他附属项目。

② 线路工程　用于连接发电厂、变电站和各级电力用户的输电线路，包括内线工程和外线工程。内线工程是指室内动力、照明电气线路及其他线路；外线工程则是指室外电源供电线路，包括架空电力线路、电缆电力线路等。

③ 变电工程　升压变电站将发电站发出的电能升压，以减少远距离输电的电能损失；降压变电站将电网中的高电压降为各级用户能使用的低电压。

（2）电子工程

电子工程主要是指应用于计算机、电话、广播、闭路电视和通信等众多领域的弱电信号线路和设备。

（3）建筑电气工程

建筑电气工程主要是指应用于工业与民用建筑领域的动力照明、电气设备、防雷接地等，包括各种动力设备、照明灯具、电器以及各种电气装置的保护接地、工作接地、防静电接地等。

（4）工业控制电气

工业控制电气主要是指用于机械、车辆及其他控制领域的电气设备，包括机床电气、电机电气、汽车电气和其他控制电气。

2. 电气工程图的特点

（1）电气工程图的主要表现形式

简图是电气工程图的主要表现形式。简图是采用标准的图形符号和带注释的框或者简化外形表示系统或设备中各组成部分之间相互关系的一种图。电气工程中绝大部分采用简图的形式。

（2）电气工程图描述的主要内容

电气工程图描述的主要内容是元器件和连线。一种电气设备主要由电气元件和连接线组成。因此，无论电路图、系统图还是接线图、平面图都是以电气元件和连接线作为描述的主要内容。也正因为对电气元件和连接线有多种不同的描述方式，从而形成了电气工程图的多样性。

（3）电气工程图的基本要素

电气工程图的基本要素是图形、文字和项目代号。一个电气系统或装置通常由许多部件、组件、功能模块构成，这些部件、组件或者功能模块称为项目。项目一般由简单的符号表示，这些符号就是图形符号，通常每个图形符号都有相应的文字符号。在同一个图上为了区别相同的设备，需要进行设备编号，设备编号和文字符号一起构成项目代号。

（4）电气工程图的两种基本布局方法

电气工程图的两种基本布局方法是功能布局法和位置布局法。功能布局法是指在绘图时只考虑元件之间的功能关系，而不考虑元件实际位置的一种布局方法。电气工程图中的系统图、电路图采用的是这种方法。位置布局法是指电气工程图中的元件位置对应于元件的实际位置的一种布局方法。电气工程中的接线图、设备布置图采用的就是这种方法。

（5）电气工程图的多样性

电气工程图有各种不同的描述方法，如能量流、逻辑流、信息流、功能流等，形成了多种多样的电气工程图。系统图、电路图、框图、接线图就是描述能量流和信息流的电气工程图；逻辑图是描述逻辑流的电气工程图；功能表图、程序框图描述的是功能流。

3. 电气工程图的组成

电气工程图用来阐述电气工程的构成和功能，描述电气装置的工作原理，提供安装和维护使用的信息，辅助电气工程研究和指导电气工程实践施工等。电气工程的规模不同，该项工程的电气工程图的种类和数量也就不同。电气工程图的种类跟工程的规模有关，较大规模的电气工程通常要包含更多种类的电气工程图，从不同的侧面表达不同侧重点的工程含义。一般来讲，一项电气工程的电气工程图通常装订成册，包含以下内容。

（1）目录和前言

电气工程图的目录好比书的目录，便于资料系统化和检索图样，方便查阅，由序号、图样名称、编号、张数等构成。

前言中一般包括设计说明、图例、设备材料明细表、工程经费概算等。设计说明的主要目的在于阐述电气工程设计的依据、基本指导思想与原则，图样中未能清楚表明的工程特点、安装方法、工艺要求、特殊设备的安装使用说明以及有关的注意事项等的补充说明。图例就是图形符号，一般在前言中只列出本图样涉及到的一些特殊图例；通常图例都有约定俗成的图形格式，可以通过查询国家标准和电气工程手册获得。设备材料明细表列出该电气工程所需的主要电气设备和材料的名称、型号、规格和数量，可供实验准备、经费预算和购置设备材料时参考。

（2）电气系统图和框图

系统图是一种简图，由符号或带注释的框绘制而成，用来概略表示系统、分系统、成套装置或设备的基本组成、相互关系及其主要特征，为进一步编制详细的技术文件提供依据，供操作和维修时参考。系统图是绘制较其层次低的其他各种电气图（主要是指电路图）的主要依据。

系统图对布图有很高的要求，强调布局清晰，以利于识别过程和信息的流向。基本的流向应该是自左至右或者自上至下的，如图9-1所示。只有在某些特殊情况下方可例外，例如用于表达非电工程中的电气控制系统或者电气控制设备的系统图和框图，可以根据非电过程的流程图绘制，但是图中的控制信号应该与过程的流向相互垂直，以利识别，如图9-2所示。

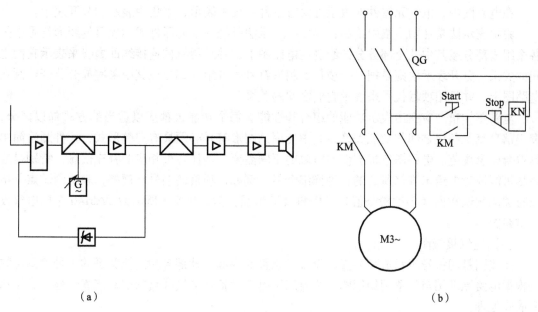

（a） （b）

图9-1 系统图框图

（3）电路图

电路图是用图形符号绘制，并按工作顺序排列，详细表示电路、设备或成套装置的全部基本组成部分的连接关系，侧重表达电气工程的逻辑关系，而不考虑其实际位置的一种简图。电路图的用途很广，可以用于详细地理解电路、设备或成套装置及其组成部分的作用原理，分析和计算电路特性，为测试和寻找故障提供信息，并作为编制接线图的依据，简单的电路图还可以直接用于接线。

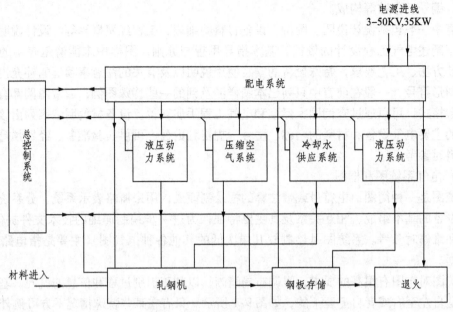

图 9-2　非电过程流程图（框图）

在电路图中，元器件和设备可动部分或装置通常应表示在非激励或不工作的状态或位置上。

在电路图中，电气元器件的表示方法有三种：集中表示、半集中表示和分开表示。

集中表示法是在图中集中绘制；半集中表示法是把一个元器件或称项目的图形符号中的各个组成部分或其中几个部分分开绘制在电路图上，并采用机械连接线即虚线来表示它们之间的关系；分开表示法则是把一个项目的图形符号的各组成部分或其中某些部分分开绘制在电路图上，并且用项目代号来表示它们之间的关系。

电路图的布图应突出表示功能的组合和性能。每个功能级都应以适当的方式加以区分，突出信息流及各级之间的功能关系，其中使用的图形符号必须具有完整形式，元件画法简单且符合国家规范。电路图应根据使用对象的不同需要，增注各种相应的补充信息，特别是应该尽可能地考虑给出维修所需的各种详细资料，例如，项目的型号与规格，表明测试点并给出有关的测试数据（各种检测值）和资料（波形图）等。图 9-3 所示为 CA6140 车床电气设备电路图。

（4）电气接线图

接线图是用符号表示成套装置、设备或装置的内部、外部各种连接关系的一种简图。它是根据电路原理图与位置图绘制的。主要用于电气设备及电气线路的安装接线、检查、维修和故障处理。

接线图按其表达的内容和形式分为三种：单元接线图、互连接线图、端子接线图。

单元接线图是表示成套装置或设备中一个结构单元内部的连接关系的接线图；互连接线图是表示成套装置或设备中不同单元之间连接关系的接线图；端子接线图是表示单元或设备的端子及其与外部导线的连接关系的接线图。

接线图中的每个端子都必须注出端子代号，连接导线的两端子必须在工程中统一编号。进行接线图布图时，应大体按照各个项目的相对位置进行布置，连接线可以用连续线方式画，也可以用断线方式画。如图 9-4 所示，不在同一张图的连接线可采用断线画法。

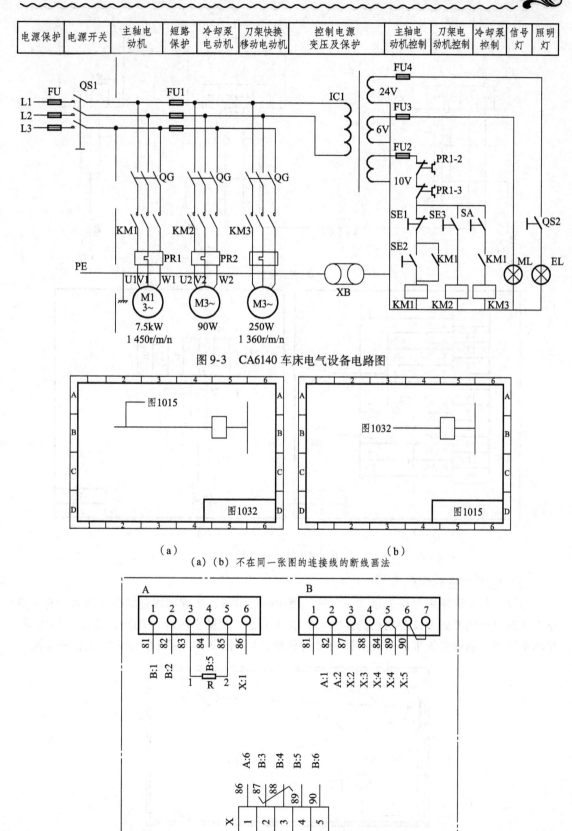

图 9-3　CA6140 车床电气设备电路图

（a）
（b）

（a）（b）不在同一张图的连接线的断线画法

（c）单元接线图

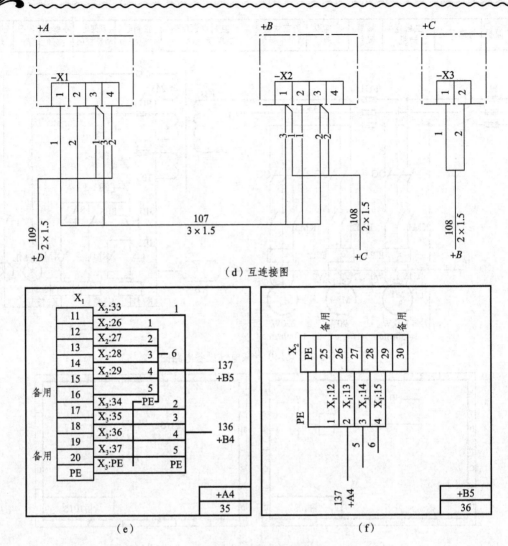

（d）互连接图

（e）　　　　　　　　（f）

图9-4　端子接线图

（5）电气工程平面图

电气工程平面图主要是表示某一电气工程中电气设备、装置和线路的平面布置，它一般是在建筑平面的基础上绘制出来的。常见的电气工程平面图有线路平面图、变电所平面图、照明平面图、弱电系统平面图、防雷与接地平面图等，图9-5为某车间的电气工程平面图。

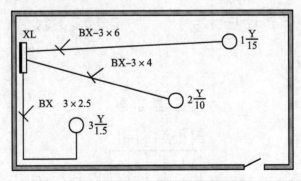

图9-5　某车间的电气工程平面图

（6）其他电气工程

在常见的电气工程图中，除了上面提到的系统图、电路图、接线图、平面图四种主要的之外，还有以下四种。

（1）设备布置图　主要表示各种电气设备的布置形式、安装方式及相互间的尺寸关系，通常由平面图、立体图、断面图、剖面图等组成。

（2）设备元件和材料表　是把某一电气工程所需主要设备、元件、材料和有关的数据列成表格，表示其名称、符号、型号、规格、数量等。

（3）大样图　主要表示电气工程某一部件、构件的结构，用于指导加工与安装，其中一部分大样图为国家标准。

（4）产品使用说明书用电气图　介绍电气工程中选用的设备和装置，其生产厂家往往随产品使用说明书附上电气图，这些也是电气工程图的组成部分。

☞ 学一学2　电气工程 CAD 制图规范

在此扼要介绍国家标准 GB/T 18135—2000《电气工程 CAD 制图规则》中常用的有关规定，同时对其引用的有关标准中的规定加以解释。

1. 图纸格式

（1）幅面

电气工程图纸采用的基本幅面有五种：A0，A1，A2，A3 和 A4，各图幅的相应尺寸见表 9-1。

表 9-1　图幅尺寸的规定

单位：mm

幅　　面	A0	A1	A2	A3	A4
长	1 189	841	594	420	297
宽	841	594	420	297	210

（2）图框

① 图框尺寸见表 9-2。在电气图中，确定图框线的尺寸有两个依据：一是图纸是否需要装订；二是图纸幅面的大小。需要装订时，装订的一边就要留出装订边。

表 9-2　图纸图框尺寸

单位：mm

幅面代号	A0	A1	A2	A3	A4
e	20		10		
c	10			5	
a	25				

② 图框线宽。根据不同幅面、不同输出设备图框的内框线宜采用不同的线宽，见表 9-3。各种图幅的外框线均为 0.25mm 的实线。

表 9-3　图幅内框线宽

幅　　面	绘图机类型	
	喷墨绘图机	笔试绘图机
A0，A1	1.0	0.7
A2，A3，A4	0.7	0.5

2. 文字

（1）字体

电气工程图样和简图中的字体应为长仿宋体。在 AutoCAD 2006 环境中，汉字字体可采用 Windows 系统所带的 TrueType "仿宋—GB 2312"。

（2）文本尺寸高度

① 常用的文本尺寸宜在下列尺寸中选择：1.5，3.5，5，7，10，14，20，单位为 mm。

② 字符的宽高比约为 0.7。

③ 各行文字间的行距不应小于 1.5 倍的字高。

④ 图样中采用的各种文本尺寸见表 9-4。

表 9-4　图样中的各种文本尺寸

文本类型	中　文		字母及数字	
	字　高	字　宽	字　高	字　宽
标题栏图名	7~10	5~7	5~7	3.5~5
图形图名	7	5	5	3.5
说明抬头	7	5	5	3.5
说明条文	5	3.5	3.5	1.5
图形文字标注	5	3.5	3.5	1.5
图号和日期	5	3.5	3.5	1.5

（3）表格中的文字和数字

① 数字书写　带小数的数值按小数点对齐；不带小数点的数值按个位对齐。

② 文字书写　正文按左对齐。

3. 图线

（1）线宽

根据用途，图线宽度宜从下列线宽中选择：0.18，0.25，0.35，0.5，0.7，1.0，1.4，单位为 mm。

图形对象的线宽尽量不多于两种，每种线宽间的比值不应小于 2。

（2）图线间距

平行线（包括阴影线）之间的最小距离不小于粗线宽度的两倍，建议不小于 0.7mm。

（3）图线形式

根据不同的结构含义采用不同的线型，具体要求参阅表 9-5。

表 9-5　图线形式

图线名称	图线形式	图线应用	图线名称	图线形式	图线应用
粗实线	▬▬▬	电器线路、一次线路	点画线	—·—·—	控制线、信号线、围框图
细实线	———	二次线路、一般线路	点画线、双点画线	—··—··—	原轮廓线
虚线	··········	屏蔽线、机械连线	双点画线	—··—··—	辅助围框线、36V 以下线路

（4）线型比例

线型比例 k 宜印制比例保持适当关系，当印制比例为 $1:n$ 时，在确定线宽库文件后 $k \times n$。

4. 比例

推荐采用的比例规定见表9-6。

表9-6 比例

类　别	推 荐 比 例		
放大比例	50:1		
	5:1		
原尺寸	1:1		
缩小比例	1:2	1:5	1:10
	1:20	1:50	1:100
	1:200	1:500	1:1 000
	1:2 000	1:5 000	1:10 000

☞ 学一学3　电气图形符号的构成和分类

按简图形式绘制的电气工程图，主要是用图形符号绘制的。因此，必须对（GB/T 4728—85《电气图用图形符号》中给出的图形符号非常熟悉，在绘制简图时，才能够熟练、准确地应用它。在 GB/T 4728—85 中，有时同一个器件给出几个符号。在绘制简图时应首先选用优选形。其次，是在满足需要的情况下，应尽量采用最简单的形式。在同一图号的图中应使用同一种形式。如果在图中未采用 GB/T 4728—85 中规定的图形符号，则应另外加以说明。

1. 电气图形符号的构成

电气图形符号包括一般符号、符号要素、限定符号和方框符号。

（1）一般符号

一般符号是用来表示一类产品或此类产品特征的简单符号，如图9-6所示。

（2）符号要素

符号要素是一种具有确定意义的简单图形，必须同其他图形组合构成一个设备或概念的完成符号。例如，真空二极管是由外壳、阴极、阳极和灯丝四个符号要素组成的。符号要素一般不能单独使用，只有按照一定方式组合起来才能构成完整的符号。符号要素的不同组合可以构成不同的符号。

（3）限定符号

一种用以提供附加信息、加在其他符号上的符号，称为限定符号。限定符号一般不代表独立的设备、器件和元件，仅用来说明某些特征、功能和作

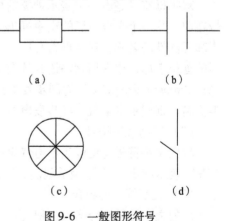

图9-6　一般图形符号

用等。限定符号一般不单独使用，一般符号加上不同的限定符号可得到不同的专用符号。例如，在开关的一般符号上加不同的限定符号可分别得到隔离开关、断路器、接触器、按钮开关、转换开关的符号，如图9-7所示。

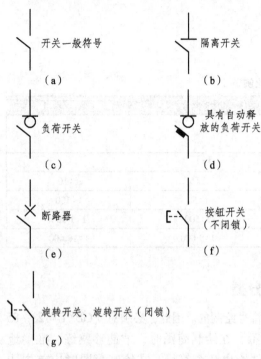

图 9-7　附加不同限定符号的开关符号

（a）开关一般符号　（b）隔离开关　（c）负荷开关　（d）具有自动释放的负荷开关　（e）断路器　（f）按钮开关（不闭锁）　（g）旋转开关、旋转开关（闭锁）

（4）方框符号

用以表示元件、设备等的组合及其功能，既不给出元件、设备的细节，也不考虑所有这些连接的一种简单图形符号。方框符号在系统图和框图中使用最多。

2. 电气图用文字符号

图形符号提供了一类设备或元件的共同符号，为了更加明确地区分不同的设备、元件，尤其是区分同类设备或元件中不同功能的设备或元件，还必须在图形符号旁标注相应的文字符号。

文字符号通常由基本符号、辅助符号和数字组成。

新的国家标准规定的文字符号是以国际电工委员会（IEC）规定的通用英文含义为基础的。应符合 GB 7159—87 的有关规定，文字符号一般应写在图形符号的左方或上方。

（1）基本文字符号

基本文字符号用以表示电气设备、装置和元件以及线路的基本名称、特性。基本文字符号分为单字母符号和双字母符号。

① 单字母符号。

单字母符号是用拉丁字母（其中"I"、"O"易同阿拉伯数字"1"、"0"混淆，不允许使用。字母"J"也未采用）将各种电气设备，装置和元器件划分为 23 大类，每大类用一个专用单字母符号表示。如"R"表示电阻器类，"Q"表示电力电路的开关器件类等。

② 双字母符号。

双字母符号是由一个表示种类的单字母符号与另一字母组成，其组合型式应以单字母符号在前，另一个字母在后的次序列出。双字母符号可以较详细和更具体地表达电气设备、装置和元器件的名称。双字母符号中的另一个字母通常选用该类设备、装置和元器件的英文名词的首位字母，或常用缩略语或约定俗成的习惯用字母。例如"G"为电源的单字母符号，"Synchronous generator"为同步发电机的英文名；"Aynchronous generator"为异步发电机的英文名，则同步发电机、异步发电机的双字母符号分别为"GS"和"GA"。

（2）辅助文字符号

辅助文字符号是用以表示电气设备、装置和元器件以及线路的功能、状态和特征的。如"SY"表示同步，"L"表示限制，"RD"表示红色（Red），"F"表示快速（Fast）等。

（3）文字符号的组合

新的文字符号组合形式一般为：基本符号 + 辅助符号 + 数字序号

例如，第 1 个时间继电器，其符号为 KT1；第 2 组熔断器，其符号为 FU2。

3. 项目代号

"项目"与"项目代号"是 GB 5094—85《电气技术中的项目代号》所提出来的新概

念。该标准的制定，使我国电气技术文件进一步国际通用化，不但图形符号能在国际间相互交流，文字符号也能相互交流。

（1）项目

项目是指在电气技术文件中出现的各种实物，这些实物在图上通常用一个图形符号表示。项目可大可小，电容器、刀开关、电动机、开关设备、某一个系统都可称为项目。

（2）项目代号

项目代号是用以识别图、图表、表格中和设备上的项目种类，并提供项目的层次关系和实际位置等信息的一种代码。通过项目代号可以将不同的图或其他技术文件上的项目与实际设备中的项目对应和联系在一起。例如，图上某开关的代码为"＝F＝B4—S7"，则可根据规定的方法在高层代号为"F"的系统内含有"B4"的子系统中，找到开关"S7"。又如，某照明灯的代码为"＋11＋401—H3"，则可在"11"号楼、"401"号房间找到照明灯"H3"。

一个完整的项目代号包括四个代号段，即高层代号段、位置代号段、种类代号段和端子代号段。在每个代号段之前还有一个前缀符号，以作为代号段的特征标记。

高层代号段，其前缀符号为"＝"

种类代号段，其前缀符号为"—"

位置代号段，其前缀符号为"＋"

端子代号段，其前缀符号为"："

① 高层代号。

系统或设备中任何较高层次（对给予代号的项目而言）项目的代号，称为高层代号。例如，某电力系统 S 中的一个变电所，则电力系统 S 的代号可称为高层代号，记作"＝S"；若 1 号变电所的一个电气装置，则 1 号变电所的代号可称为高层代号，记作"＝1"。所以，高层代号具有"总代号"的含义。

高层代号可用任意选定的字符、数字表示，如＝S、＝1 等。

高层代号与种类代号同时标注时，通常高层代号在前，种类代号在后。例如，1 号变电所的开关 Q2，则标记为"＝1—Q2"；

S 系统中第 1 子系统中的电气装置 A5，则标记为"：S＝1—A5"，亦可标记为"＝S1—A5"。

② 种类代号。

用以识别项目种类的代号，称为种类代号。种类代号段是项目代号的核心部分。种类代号一般由字母代码和数字组成。其中的字母代码必须是规定的文字符号。

例如：—K1 表示第 1 个继电器 K；

　　　—QS3 表示第 3 个电力隔离开关 QS。

③ 位置代号。

项目在组件、设备、系统或建筑物中的实际位置的代号，称为位置代号。位置代号一般由自行选定的字符或数字表示。必要时，应给出相应的项目位置的示意图。

例如：105 室 B 列机柜第 3 号机柜的位置代号可表示为：＋105＋B＋3；

　　　电动机 M3 在某位置 4 中，可表示为：＋4—M3。

④ 端子代号。

用以同外电路进行电气连接的电器的导电件的代号，称为端子代号。端子代号通常采用数字或大写字母表示。

例如：端子板 X 的 5 号端子，可标记为"—X：5"；

继电器 K4 的 B 号端子，可标记为"—K4：B"。

项目代号是用来识别项目的特定代码，一个项目可由一个代号段组成（较简单的电气图只标注种类代号或高层代号），也可由几个代号段组成。

例如：S1 系统中的开关 Q4，在 H84 位置中，其中的 A 号端子，可标记为："＋H84 ＝ S1－Q4：A"

3N50Hz,380V

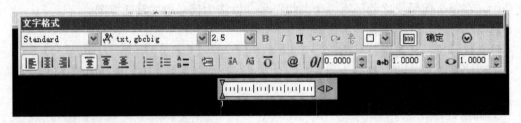

3*120+1*50

图 9-8　三相线路

☞ 学一学 4　电力电气图形符号的绘制

1. 导线符号的绘制（见图 9-8）

◆ 绘制三条平行直线，长度 200mm，间距 30mm；
◆ 采用多行文字方法添加文字。

文字格式

☼提示：字体选为"T 仿宋_GB 2312"，文字大小为 10 号字，居中对齐。

2. 三相绕组变压器符号的绘制（见图 9-9）

◆ 绘制半径为 10mm 的圆；
◆ 采用环形阵列方法复制圆；
◆ 绘制三根引线（长度为 15mm）。

3. 绘制隔离开关（见图 9-10）

◆ 在正交方式下绘制长度为 50mm 的竖直线；
◆ 打开极轴追踪，设置"增量角为 30°，画长度为 20mm 的斜线；
◆ 平移水平线，移动距离 5mm；
◆ 修剪。

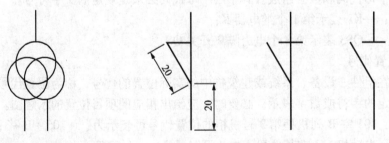

图 9-9　三相变压器　　　　　　图 9-10　隔离开关

4. 绘制断路器（见图 9-11）

◆在绘制隔离开关的基础上，将水平线旋转 45°，再镜像即可。

5. 绘制变压器（见图 9-12）

◆ 绘制半径为 10mm 的圆，并复制圆；

◆ 绘制长度为 8mm 的直线；

◆ 采用环形镜像的方法复制 3 条直线；

◆ 绘制三角形。

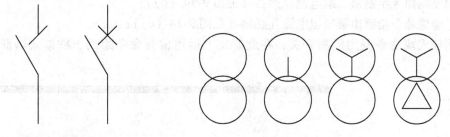

图 9-11　断路器　　　　　　　　　　　图 9-12　变压器

做一做 1　绘制 10kV 变电站的主接线图（见图 9-13）。

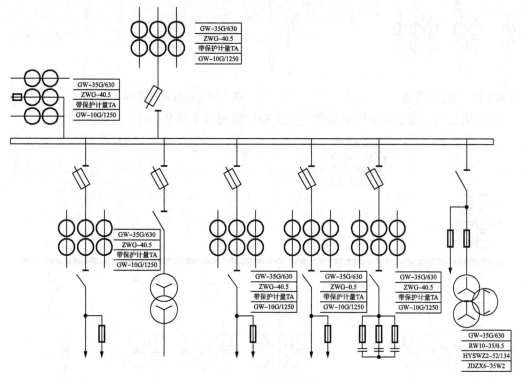

图 9-13　主接线图

1）知识点

通过变电工程图的绘制，学习下面一些 CAD 绘图和编辑命令。

➤ 使用"直线 LINE、移动 MOVE"命令；

➤ 使用"剪切 TRIM、复制 COPY"命令；

➤ 使用"矩形 RECTANG、多段线 PLINE"命令；

➢ 使用"圆 CIRCLE、镜像 MIRROR"命令；

➢ 使用"多行文字 MTEXT"命令；

➢ 使用"cc 插入块 INSERT"命令。

2）作图提示

① 先画 10kV 母线：300mm×1.5mm。

② 绘制第一个主变：运用直线和圆的命令绘制第一组电流互感器（见图 9-14（a））；

运用复制命令绘制第二组电流互感器（见图 9-14（b））；

通过镜像命令绘制出第三组电流互感器（见图 9-14（c））；

运用插入块命令调用隔离开关，在此基础上运用偏移命令绘制出跌落式熔断器（见图 9-15）。

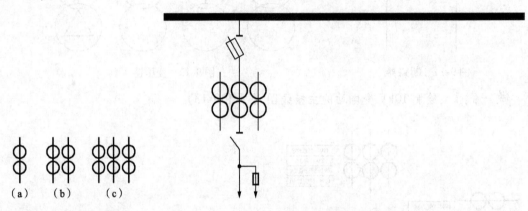

图 9-14　电流互感器　　　　　　　　　　　　　　图 9-15　跌落式熔断器

③ 运用复制和镜像命令完成其他主变支路的绘制（见图 9-16）。

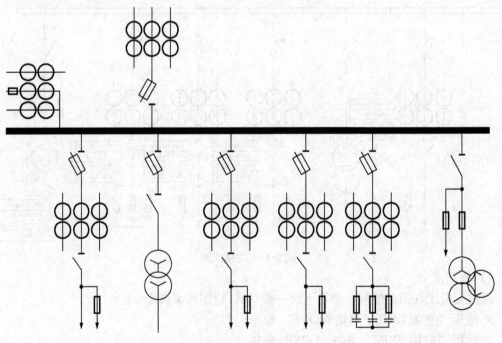

图 9-16　主接线图

④输入注释文字：调用"多行文字"命令，在弹出的"文字格式"对话框中标注需要的文字信息。

⑤绘制文字框线，结果见图9-17。

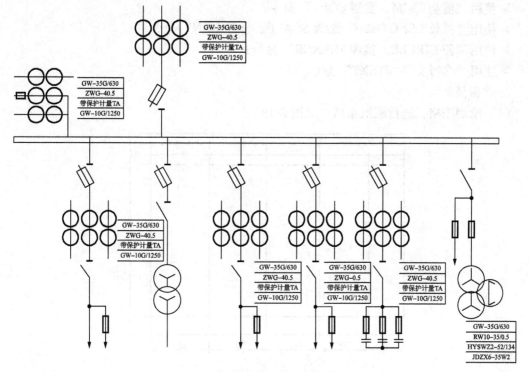

图 9-17 10kV 变电站主接线图

做一做 2 绘制高压开关柜配电系统图（见图9-18）。

柜编号	1	2	3（1#变压器）	4（2#变压器）
HXGN26—12				
柜 宽	500	650	500	500
一次系统图	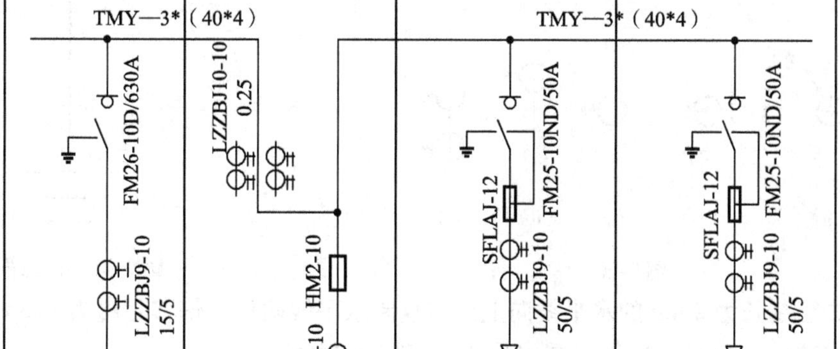 TMY—3*（40*4）		TMY—3*（40*4）	
出线电缆	JYV22—3*70		JYV22—3*35—10	JYV22—3*35—10

图 9-18 高压开关柜配电系统图

1. 知识点

通过高压开关柜配电图的绘制，学习以下 CAD 绘图和编辑命令。

➢ 使用"直线 LINE、偏移 OFFSET"命令；

➢ 使用"剪切 TRIM、复制 COPY"命令；

➢ 使用"拉长 LENGTHEN、缩放 SCALE、合并 JOIN"命令；

➢ 使用"圆 CIRCLE、镜像 MIRROR"命令；

➢ 使用"多行文字 MTEXT"命令。

2. 作图提示

（1）绘制表格，进行图纸布局（见图 9-19）

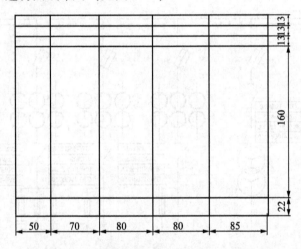

图 9-19　图纸布局

① 见图 9-20（b）：绘制长度为 6mm 的水平线→以圆心为起点绘制长度为 1mm 的竖直线，上下各一根→合并两竖直线→偏移竖直线 4mm 和 1mm；

② 见图 9-20（d）：绘制长为 18mm 的竖直线；

③ 见图 9-20（e）：将互感器向下移动 4mm→复制互感器且位移 10mm。

（2）绘制接地线（见图 9-21）

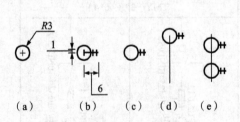

（a）　　　（b）　　　（c）　　（d）　　（e）

图 9-20

图 9-21　接地符号

先绘制长为 2mm 的水平线向上偏移复制水平线两根，偏移距离为 1mm→将第二根水平线左右拉长 0.5mm，将第三根水平线左右拉长 1mm。

（3）绘制各柜的一次系统图

（4）对各柜进行电气连接

（5）添加注释及文字

① 添加注释。

创建一个文字样式，样式名为"注释文字"，字体为"宋体"，高度为 3，宽度比例为 1，倾斜角度为 0°。

使用多行文字命令输入文字，然后将文字旋转 90°，移动到合适的位置，如图 9-22 所示。

② 添加文字。

a. 创建一个文字样式，样式名为"表格文字"，字体为"宋体"，高度为 6，宽度比例为 1，倾斜角度为 0°。

b. 在各表格内添加文字，除了"一次系统图"之外，其他文字都为水平。

c. 创建一个文字样式，样式名为"竖直文字"（见图 9-23），在"效果"标签下单击"垂直"选项，其他参数和"表格文字"相同。在"竖直文字"样式下，在左边第四格输入"一次系统图"。

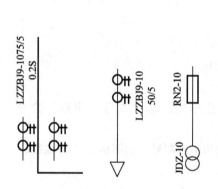

图 9-22 添加注释

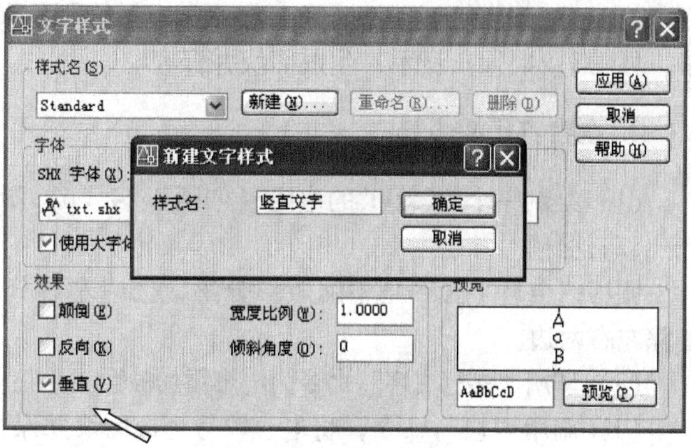

图 9-23 创建文字样式

注意：所有文字都位于表格中央，即所有文字的格式都选"居中"。

设置方法如下：

输入文字后选定文字，双击鼠标，弹出"文字格式"工具栏，在左下角单击按钮，待该按钮变白即可完成设置。

习题与思考

1. 独立重做 P195 的"做一做 1"。

2. 独立重做 P197 的"做一做 2"。

任务二 绘制电子电路图

学习目标

- 了解电路图的基本概念
- 掌握电路图基本符号的绘制
- 学习电路图的绘制

☞ 学一学1　电子电路图基本符号的绘制

电路图是由电子管、半导体二极管、晶体管、集成电路、电阻器、电容器、电感器、变压器等符号组成的，下面主要介绍电阻符号、电容符号、电感符号、二极管和三极管符号的绘制。

1. 电阻符号的绘制

（1）调用"矩形"命令

用鼠标在绘图屏幕上捕捉第一点，采用相对输入法绘制一个长为 150mm、宽为 50mm 的矩形。

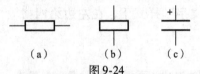

（a）　　　（b）　　　（c）

图 9-24

（2）绘制两端引线

① 绘制左端线段。

② 调用"复制"命令，绘制右端线。

（3）生成图块保存完成以上操作后，电阻符号绘制完毕，如图 9-24（a）所示，生成图块并保存。

2. 电容符号的绘制

（1）绘制一个旋转90°的电阻（如图 9-24（b）所示）

（2）分解

调用"分解"命令把中间矩形分解，选中左右分解矩形的两边，执行"删除"命令，删除左右两边。

（3）调用"多行文字"命令为电容添加极性" + "，即得电容符号，如图 9-24（c）所示。

（4）调用"块"命令，将电容符号生成图块并保存。

3. 电感符号的绘制

（1）绘制绕组。

① 调用"圆弧"命令，采用起点、端点、半径方法绘制半圆弧。端点坐标为@ − 20，0，半径为 10mm。

图 9-25

② 调用"复制"命令，四个半圆弧相切，如图 9-25 所示，其命令行提示如下内容。

（2）绘制竖直向下的电感两端引线。指定基点或者 ［重复（M）］→输入"M"（选择重复复制）电感符号绘制完毕，效果如图 9-25 所示。

（3）调用"块"命令，将电感符号生成图块并保存。

4. 二极管符号的绘制

（1）调用"直线"╱命令，采用相对或者绝对输入方式，绘制一条开始于（100，100）、长度为 150mm 的线段。

（2）调用"多段线"⤵命令绘制二极管的上半部分。

命令：pline

指定起点：200，120（指定多段线起点在直线段的左上方，绝对坐标（200.120））。

当前线宽为 0.0000（回车默认系统线宽）。

指定下一个点或〔圆弧（A）/半宽（H）/长度（L）/放弃（U）/宽度（w）〕：（按住 < Shift > 键，单击鼠标右键，弹出光标菜单，选择自（F），捕捉点（200，120）到直线段的垂足）。

指定下一点或〔圆弧（A）/闭合（C）/半宽（H）/长度（L）放弃（U）/宽度（W）〕：@ 40 < 150（极坐标输入法：斜线长度为 40，与 X 轴正方向成 150°角）。

指定下一点或〔圆弧（A）/闭合（C）/半宽（H）/长度（L）/放弃（U）/宽度（W）〕：（按住 < Shift > 键，单击鼠标右键，弹出光标菜单，选择自（F），捕捉垂足）效果如图 9-10 所示。

（3）调用"镜像"命令生成下半部分。选择上半部分为复制对象，直线段两端点为轴线，执行镜像命令完成二极管符号的绘制，效果如图 9-26 所示。

图 9-26

（4）调用"块"命令，把二极管符号生成图块并保存。

5. 三极管符号的绘制

（1）调用"直线"命令，绘制长度为 100mm 的水平线。

（2）调用"多段线"命令，绘制 PNP 型三极管发射极，命令行提示如下：

命令：pline

指定起点：运用正交偏移捕捉方式 ⌐ 确定多段线的起点（@ 30，0）。

当前线宽为 0.0000　（接受系统默认线宽）。

指定下一个点或〔圆弧（A）/半宽（四）/长度（L/放弃（U）/宽度（W）〕：@ 20 < 120（绘制发射极根部小段直线，长 20mm，与 X 轴正方向成 120°角）。

指定下一点或〔圆弧（A）/闭合（c）/半宽（四）/长度（L）/放弃（U）/宽度（W）〕：W。

指定起点宽度 < 0.0000 > ：

指定端点宽度 < 0.0000 > ：1.5（修改线宽，起始线宽为默认值，结束线宽为 1.5）。

指定下一点或〔圆弧（A）/闭合（c）/半宽（四）/长度（L）/放弃（U）/宽度（W）〕：@ 10 < 120（绘制箭头，长 10mm，与 X 轴正方向成 120°角）。

指定下一点或〔圆弧（A）/闭合（c）/半宽（H）/长度（L）放弃（U）/宽度（W）〕：W。

指定起点宽度 < 1.5000 > ：0。

指定端点宽度 < 0.0000 > ：（把线宽改成默认值）。

指定下一点或〔圆弧 1（A）/闭合（c）/半宽（四）/长度（L）/放弃（U）/宽度（W）〕：@ 30 < 120（绘制发射极头部小段直线）。

完成 PNP 型三极管符号如图 9-27（a）所示；NPN 型三极管符号如图 9-27（b）所示。

（3）调用"块"命令，将三极管符号生成图块并保存。

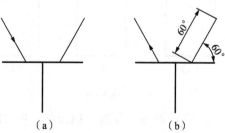

（a）　　　（b）

图 9-27

6. 绘制发光二极管

（1）调用"块插入"命令，浏览选择二极管图块，把二极管图块插入到当前绘图窗口中，如图9-28（a）所示。

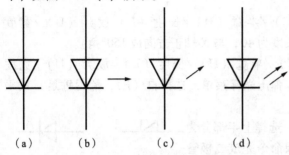

（2）开启"正交"功能，调用"多段线"命令，绘制一个带箭头的水平多线段，并用"SOLID"图案填充，如图9-28（b）所示。

（3）调用"旋转"命令，将（2）中绘制的箭头绕二极管图块的中间交点旋转40°，如图9-28（c）所示。

（4）调用"复制"命令，将（3）中绘制的多线段向下复制一份，复制距离为

图9-28　绘制发光二极管符号

3，如图9-28（d）所示。至此发光二极管符号绘制完毕。

7. 芯片的绘制

芯片的种类很多，封装形式也各不相同。下面以芯片MC1413引脚排列和电路结构图为例来介绍一般芯片的画法。

（1）调用"矩形"命令，绘制一个长35mm、宽55mm的矩形，如图9-29（a）所示。

（2）调用"圆"命令，捕捉上边框的中点；该中点以为圆心画一个半径为3.5mm的圆，如图9-29（b）所示。

（3）调用"修剪"命令，分别以矩形上边和圆为剪刀线，裁去上半圆和矩形上边在圆内的部分，如图9-29（c）所示。

（4）调用"插入块"命令，在当前绘图窗口中插入非门，放置位置如图9-30（a）所示。

（5）调用"分解"命令，先分解非门图块，再选中右边直线，左键按住其端点向右拖曳鼠标，拉伸直线，效果如图9-30（b）所示。

（6）调用"插入块"命令，拉伸直线，效果如图9-30（b）所示。在当前绘图窗口中插入二极管符号图块，效果如图9-30（c）所示。

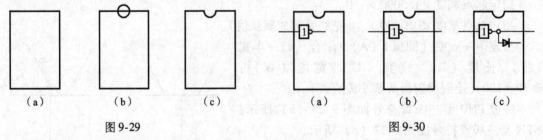

图9-29　　　　　　　　　　　　　　　图9-30

（7）调用"复制"键命令，将（5）、（6）绘制的图形向Y轴负方向复制六份，复制距离为0.7mm，效果如图9-31（a）所示。

（8）调用"直线"命令，连接所有二极管的出头线，效果如图9-31（b）所示。

（9）调用"直线"命令，绘制芯片的数字地引脚，效果如图9-32（a）所示。

（10）调用"多行文字"A命令，为各引脚添加数字标号和文字注释，如图9-32（b）所示。以上步骤完成后芯片MC1413即绘制完毕。

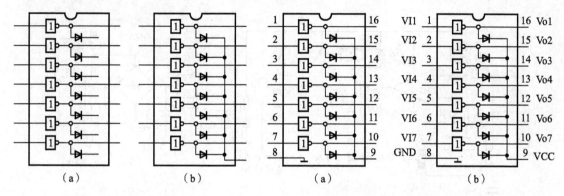

图9-31　绘制二极管符号　　　　　　图9-32　添加数字标号和文字注释

（11）调用"创建块"命令，将以上绘制的芯片MC1413符号生成图块并保存，以方便后面绘制数字电路系统时调用。

8. 电压比较器符号的绘制

（1）绘制等边三角形　绘制一个边长为30mm的等边三角形，如图9-33（a）所示。绘制方法参阅任务一中的"学一学"。

（2）绘制偏移直线　调用"偏移"命令，以直线1为起始，向右绘制直线2，偏移量为15mm，如图9-33（b）所示。直线2与等边三角形的另外两边分别交于点A和点B。

（3）绘制水平直线　调用"直线"命令，在"对象捕捉"和"正交"绘图模式下，用鼠标捕捉点A，向左绘制长度为30mm的水平直线3；然后用鼠标捕捉点B，向左绘制长度也为30mm的水平直线4，如图9-34（a）所示。

（4）修剪图形　调用"修剪"命令，以直线1为剪切边对直线3和直线4进行修剪，得到如图9-34（b）所示的图形。

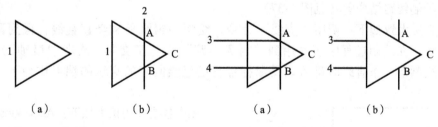

图9-33　　　　　　　　　　　图9-34

（5）再绘制水平直线　调用"直线"命令，在"对象捕捉"和"正交"绘图模式下，用鼠标捕捉点C，向右绘制长度为10mm的水平直线5，如图9-35（a）所示。

（6）添加符号　在水平直线3和直线4的右端、三角形内部分别添加"－"和"＋"符号，将符号的高度修改为2.5。图9-35（b）所示为绘制完成的电压比较器的图形符号。

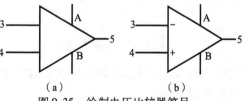

图9-35　绘制电压比较器符号

做一做1 绘制电话机自动录音电路原理图（见图9-36）。

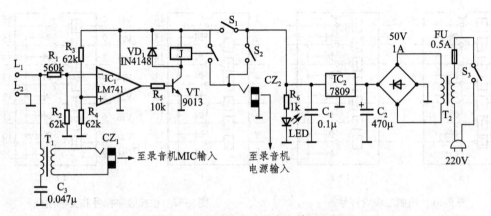

图9-36 电话机自动录音电路原理图

1）绘制思路

观察图纸的结构，绘制出大体结构图，即绘制出主要的导线；之后，分别绘制各个电子元器件，最后将各个电子元件"安装"到结构图，再添加文字和注释，完成绘制。

2）知识点

通过电话机自动录音电路图的绘制，学习、巩固以下CAD绘图和编辑命令。

➢ 使用"直线LINE、移动MOVE"命令；

➢ 使用"剪切TRIM、复制COPY"命令；

➢ 使用"拉长LENGTHEN、多段线PLINE"命令；

➢ 使用"圆CIRCLE、镜像MIRROR"命令；

➢ 使用"多行文字MTEXT"命令；

➢ 使用"插入块INSERT"命令。

3）绘制提示

（1）绘制线路结构图（见图9-37）

绘制方法大致如下：调用"直线"命令，绘制一组水平和竖直直线，得到调频线路图的连接线。在绘制过程中多次用到"对象追踪"和"正交"（或者"极轴"）绘图模式。每次绘制下一条直线时都可以用鼠标捕捉已经绘制好的直线的端点作为下一条直线的起点。

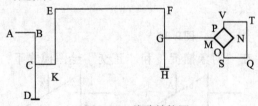

图9-37 线路结构图

图中各线段的长度如下：AB = 40mm，BC = 70mm，CD = 70mm，CK = 50mm，EK = 110mm，EF = 200mm，FG = 60mm，GH = 60mm，GM = 100mm，PM = 30mm，MO = 30mm，PN = 30mm，ON = 30mm，PV = 10mm，QS = 15mm，VT = 50mm，TQ = 65mm，SQ = 50mm。其中，线段PM，PN，MQ和ON与水平方向成45°角，其他线段都是水平或者竖直线段，结果如图9-37所示。

（2）绘制各元件

（3）将图形符号插入结构图

将绘制好的各图形符号插入线路结构图，注意各图形符号的大小可能有不协调的情况，可以根据实际需要利用"缩放"功能调整。插入过程当中结合使用"对象追踪"、"对象捕捉"等功能。然后对图形进行剪切，删除多余的部分。

（4）添加注释文字

利用"MTEXT"命令一次输入几行文字，然后再调整其位置，以对齐文字。调整位置时结合使用"正交"命令。

做一做2

1）绘制如图9-38所示的音频放大器的电源电路图。

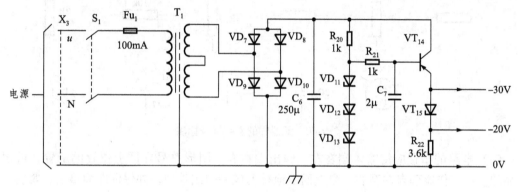

图9-38　音频放大器的电源电路图

2）绘制如图9-39所示的电路图。

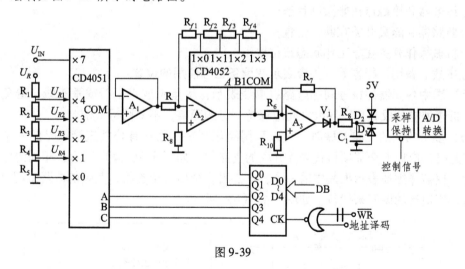

图9-39

☞ 学一学2　绘制电子电路图的基本概念

电路图又称"电原理图"。它是用图形符号按工作顺序排列，详细表示电路、设备或成套装置的全部基本组成和连接关系，而不考虑其他实际位置的一种简图。其目的是便于理解电路、设备或成套装置及其组成部分的功能原理；为测试和寻找故障提供信息；为编制接线图提供依据；在安装、检查、试验、调整、维修时，与接线图一起使用。电路图是产品设计、电路分析和维护修理所必需的技术资料。

1. 电路图的绘制规则（GB 6988.4—86）

（1）所有元器件应采用图形符号来表示，需要时还可采用简化外形图来表示，同时绘出它的所有连接。图形符号旁应标注项目代号（文字符号），需要时亦可标注主要参数；参数也可列表表示，表格内一般包括项目代号、名称、型号、规格和数量等内容。

（2）表示元器件的图形符号，应按 GB 4728—85 的有关规定绘制。项目代号应符合 GB 5094—85 的有关规定。文字符号应符合 GB 7159—87 的有关规定。文字符号一般应写在图形符号的左方或上方，如图 9-40 所示。

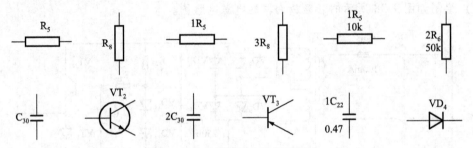

图 9-40　元器件的文字符号标注

（3）电路的布置应使输入端在左、输出端在右。图形符号在图上位置的配置，可根据产品的基本工作原理自左至右、自上而下地排列成一列或数列，并保证图面整洁、紧凑，便于看图、顺序合理、连线最短、交叉应最少。

（4）元器件的可动部分通常应表示在非激励或不工作的状态或位置。

① 继电器和接触器在非激励状态；

② 断路器和隔离开关在断开位置；

③ 机械操作开关在非工作状态或位置；

④ 事故、备用、报警等开关应表示在设备正常使用的位置。

（5）图中各元器件符号间的电路以单线表示，尽量画成水平线或垂直线，避免倾斜和弯曲，折弯处应画成直角，导线之间应保持一定的距离，不要画得太密。

（6）多个相同的支路并联时，可以采用简化画法，用标有公共连接符号的一个支路来表示，此时仍应标上全部项目代号和并联的支路数，如图 9-41（a）所示；相同的电路重复出现时，仅需详细地表示出其中的一个，不必重复画出每个支路，其余的电路，用点画线画出方框，用适当的说明来代替，如图 9-41（b）所示。

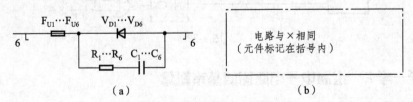

图 9-41　电路的简化画法

2. 电路的绘制步骤

图 9-42 是低频两级放大电路图。现以该电路图为例，说明电路图的绘制步骤。

（1）将全图按主要元器件分成若干段（见图 9-43（a））。

（2）排列主要元器件的图形符号，并注意将各主要元器件尽量位于图形中心水平线上（见图 9-43（b））。

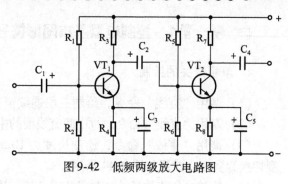

图 9-42　低频两级放大电路图

（3）分段画入各单元电路，并注意前后上下的疏密和衔接（见图 9-43（c））。

（4）检查无误后，描深（见图 9-43（d））。

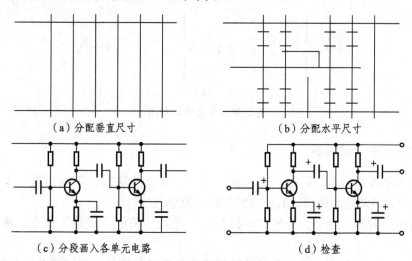

（a）分配垂直尺寸　　　　　　（b）分配水平尺寸

（c）分段画入各单元电路　　　　（d）检查

图 9-43　低频两级放大电路绘制步骤

（5）标注各元器件的位置符号及有关附注（文字、波形、说明）。

（6）最后审查、核对，完成全图。如图 9-42 所示。

习题与思考

1. 独立重做 P204 "做一做 1"。

2. 独立完成 P205 "做一做 2" 所列出的任务。

3. 独立重新绘制图 9-42 所示电路图。

任务三　绘制控制电气工程图

学习目标

- 了解电气控制电路
- 掌握控制电器基本符号的绘制
- 学习电气控制电路图的绘制

☞ 学一学1 控制电器基本图形符号的绘制

1. 单极开关的绘制

（1）调用"直线"命令，绘制三段连续竖直的直线，长度均为20mm；

（2）调用"直线"命令，过中间直线段的中点绘制水平线，长度为30mm，线型为虚线。

（3）调用"直线"命令，绘制长度为10mm的竖直直线，与水平虚线左端点相交，线型切换为实线，效果如图9-44所示。

（4）旋转中间直线段，旋转角度为30°，效果如图9-44所示。

（5）调用"修剪"命令，对水平线进行修剪。

（6）调用"创建块"命令，把绘制的单极手动开关符号生成图块并保存。

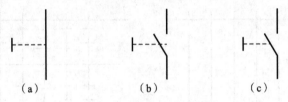

（a） （b） （c）

图9-44 单极手动开关

2. "多极开关"的绘制

（1）插入单极开关块：调用"插入块"命令，弹出"块插入"对话框，单击"浏览"按钮找到单极开关图块的路径，其他设置选择"默认"。

（2）调用"分解"命令，分解"单极开关"图块，调用"删除"命令，单击"实线"删除按钮。

（3）调用"复制"命令，向右移动复制两份单极开关符号，复制移动的距离为15mm，效果如图9-45（a）所示。

（4）调用"延伸"命令，延伸虚线至右侧开关搣刀，效果如图9-45（b）所示。

（5）调用"修剪"命令，进行修剪，多极开关符号如图9-45（c）所示。

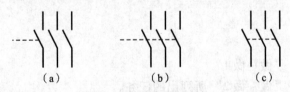

（a） （b） （c）

图9-45 多级开关符号

（6）调用"创建块"命令，把绘制的多极开关符号生成图块并保存。

3. "动合按钮"的绘制

（1）绘制矩形：调用"矩形"命令，在屏幕中适当的位置绘制一个长度为7.5mm、宽为10mm的矩形，结果如图9-46（a）所示。

（2）分解矩形：调用"分解"命令，将矩形分解为直线1、2、3、4四段直线，如图9-46（a）所示。

（3）拉长直线：调用"拉长"命令，将直线2分别向左和向右拉长7.5mm，如图9-46（b）

所示。

（4）绘制倾斜直线：在"对象捕捉"和"极轴"绘图方式下，用鼠标捕捉矩形的左下角点，以其为起点，绘制一条与水平线成30°角的倾斜直线，倾斜直线的终点刚好落在直线4上，如9-46（c）所示。

（5）偏移直线：调用"偏移"命令，以直线"1"为起始，向下绘制一条水平直线，偏移量为3.5mm；以直线3为起始，向右绘制一条竖直直线，偏移量为3.75mm，如图9-47（a）所示。

（6）更改图形对象的图层属性：选中偏移得到的竖直直线，将其图层属性设置为"虚线层"，更改的效果如图9-47（b）所示。

（7）修剪直线：调用"修剪"命令和"删除"命令，修剪并删除掉多余的直线，得到如图9-47（c）所示结果，即为绘制完成的按钮开关的图形符号。

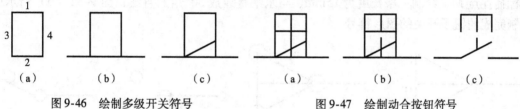

图9-46　绘制多级开关符号　　　　　图9-47　绘制动合按钮符号

（8）调用"创建块"命令，把绘制的按钮符号生成图块并保存。

4."信号灯"的绘制

（1）绘制圆　调用"圆"命令，在屏幕中适当位置绘制一个半径为5mm的圆，结果如图9-48（a）所示。

（2）绘制水平直线　调用"直线"命令，在"对象捕捉"和"正交"绘图方式下，用鼠标捕捉圆心作为起点，向左和向右分别绘制长度为20mm的直线，如图9-48（b）所示。

（3）修剪直线　调用"修剪"命令，以圆弧为剪切边对两条水平直线做修剪操作，修剪后保留水平直线在圆以外的部分，如图9-49（a）所示。

（4）绘制灯芯　关闭"正交"绘图方式，开启"极轴"功能。调用"直线"命令，用鼠标捕捉圆心，以该圆心为起点，绘制一条与水平方向成45°角、长度为5mm的倾斜直线，如图9-49（b）所示。

（5）阵列倾斜直线　单击"修改"、"阵列"命令，弹出"阵列"对话框，选择"环形阵列"选项；选择倾斜直线为阵列对象，选择圆心作为中心点，设置"项目总数"为4，"填充角度"为360°，结果如图9-50所示。

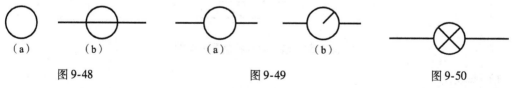

图9-48　　　　　　　　图9-49　　　　　　　　图9-50

（6）调用"创建块"命令，将信号灯符号生成图块并保存。

5."钮子开关"的绘制

（1）绘制竖直直线　调用"直线"命令，绘制长度为15mm的竖直直线。

（2）绘制倾斜直线 在"对象捕捉"和"极轴"绘图方式下，调用"直线"命令，用鼠标捕捉竖直直线 1 的上端点作为起点，绘制一条长 15mm、与竖直直线成 60°角的倾斜直线 2。然后用鼠标分别捕捉竖直直线 1 和 2 的另外的端点，绘制直线 3，直线 1，2 和 3 构成一个长度为 15mm 的等边三角形，如图 9-51（a）所示。

（3）绘制水平直线 开启"正交"功能，用鼠标捕捉点 M 作为起点，分别向左绘制长度为 20mm 的直线段，向右绘制直线段，终点落在直线 1 上，结果如图 9-51（b）所示。

（4）绘制圆 调用"圆"命令，以等边三角形的三个顶点为圆心，绘制半径为 2mm 的圆，如图 9-51（b）所示。

（5）修剪和删除多余直线，得到如图 9-52（a）所示的结果。

（6）绘制倾斜直线 在"对象捕捉"和"极轴"绘图方式下，调用"直线"命令，用鼠标捕捉点 M，绘制一条长度为 15mm、与水平直线成 30°角的直线，图 9-52（b）所示为绘制完成的钮子开关的图形符号。

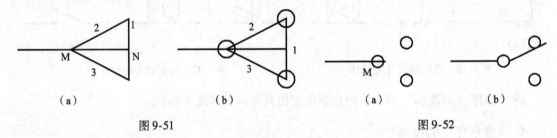

图 9-51　　　　　　　　　　　　　图 9-52

做一做 1　绘制如图 9-53 所示的液位自动控制器电路图。

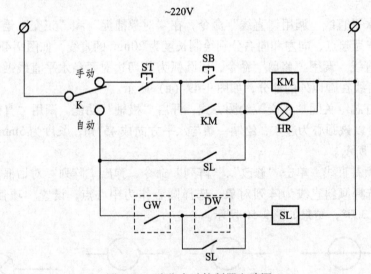

图 9-53　液位自动控制器电路图

1）知识点

通过液位自动控制电路的绘制巩固以下 CAD 绘图和编辑命令。

➤ 使用"直线 LINE、移动 MOVE"命令；

➤ 使用"剪切 TRIM、旋转 ROTATE"命令；

➤ 使用"拉长 LENGTHEN、多段线 PLINE"命令；

> 使用"圆 CIRCLE、矩形 RECTANG"命令；
> 使用"多行文字 MTEXT"命令；
> 使用"阵列 ARRAY、图案填充 BHATCH"命令。

2）绘制提示

（1）绘制线路结构图

先按照图纸结构绘制结构图，即按照线路连接方向绘制大体结构。调用"多段线"命令，依次绘制各条直线，得到如图 9-54 所示的结构图，图中各直线段的长度分别如下：AB = 40mm，BC = 45mm，CD = 9mm，DE = 50mm，EF = 40mm，FG = 45mm，GT = 25mm，CM = 40mm，MN = 90mm，EO = 20mm，OP = 40mm，FP = 20mm，GQ = 20mm，PQ = 45mm，PN = 29mm，MK = 34mm，LT = 31mm，TJ = 83mm，KW = 52mm，WV = 40mm，VJ = 68mm，WR = 20mm，RS = 40mm，VS = 20mm。

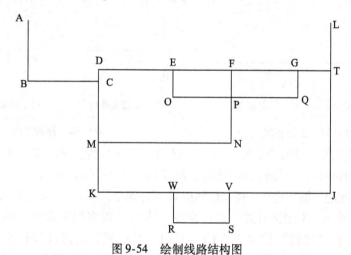

图 9-54　绘制线路结构图

（2）绘制电极探头

① 绘制直角三角形。调用"直线"命令，分别绘制三条直线：直线 1 长为 11mm、直线 2 长为 4mm、直线 3 长为 15mm，这三条直线构成一个直角三角形，如图 9-55（a）所示。

② 拉长直线。调用"拉长"命令，将直线 1 分别向左拉长 11mm、向右拉长 12mm，结果如图 9-55（b）所示。

③ 绘制竖直直线。调用"直线"命令，在"对象追踪"和"正交"绘图方式下用鼠标捕捉直线 1 的左端点，以该点为起点，向上绘制长度为 12mm 的直线 4，如图 9-56（a）所示。

④ 移动直线。调用"移动"命令，将直线 4 向右平移 3.5mm。

⑤ 更改图形对象的图层属性。选中直线 4，将其图层属性设置为"虚线层"。效果如图 9-56（b）所示。

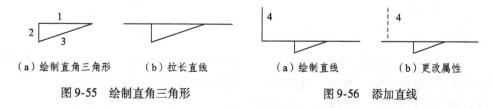

（a）绘制直角三角形　　（b）拉长直线　　　　（a）绘制直线　　　（b）更改属性

图 9-55　绘制直角三角形　　　　　图 9-56　添加直线

⑥ 镜像直线。调用"镜像"命令，得到直线5，如图9-57（a）所示。

⑦ 偏移直线。调用"偏移"命令，偏移量都为24mm，如图9-57（b）所示。选择直线4为镜像对象，以直线1为镜像线做镜像分别以直线4和5为起始，向右绘制直线6和7。

⑧ 绘制水平直线。调用"直线"命令，在"对象追踪"绘图方式下用鼠标分别捕捉直线4和6的上端点，绘制直线8。用相同的方法绘制直线9，得到两条水平直线。

⑨ 更改图形对象的图层属性。选中直线8和9，单击"图层"工具栏中的下三角按钮，弹出下拉菜单，选择"虚线层"，将其图层属性设置为"虚线层"，单击"结束"按钮，更改后的效果如图9-58（a）所示。

⑩ 绘制竖直直线。调用"直线"命令，在"对象追踪"和"正交"绘图方式下用鼠标捕捉直线1的右端点，以其为起点向下绘制一条长度为20mm的竖直直线，如图9-58（b）所示。

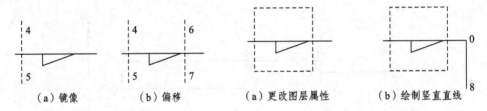

（a）镜像　　　（b）偏移　　　　（a）更改图层属性　　（b）绘制竖直直线

图9-57　添加直线　　　　　　　　图9-58　添加直线

⑪ 旋转复制图形。调用"旋转"命令，选择直线8以左边的图形为复制旋转对象，选择0点作为旋转的基点，做旋转180°操作，结果如图9-59（a）所示。

⑫ 绘制圆。调用"圆"命令，用鼠标捕捉O点为圆心，绘制一个半径为1.5mm的圆。

⑬ 填充圆。单击"绘图/图案填充"命令，弹出"图案填充和渐变色"对话框，选择"SOLID"图案，将"比例"设置为"1"，其他为默认值。选择（12）步中绘制的圆为填充边界，结果如图9-59（b）所示。至此，电极探头的绘制工作完成。

（3）绘制电源接线端

① 绘制圆。绘制一个半径为3mm的圆，如图9-60（a）所示。

② 绘制竖直直线。向下绘制一条长9mm的竖直直线，如图9-60（b）所示。

③ 绘制倾斜直线。关闭"正交"功能，开启"极轴"功能。调用"直线"命令，用鼠标捕捉O点。以O点为起点绘制一条与水平方向成45°角、长度为4mm的倾斜直线，如图9-61（a）所示。

④ 旋转直线。调用"旋转"命令，选择上一步绘制的倾斜直线，调用"复制"命令，将其绕圆心O旋转180°，结果如图9-61（b）所示，即为绘制完成的电源接线端的图形符号。

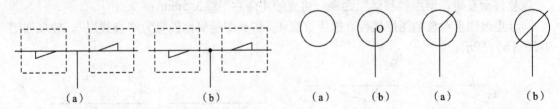

（a）　　　　　　（b）　　　　　（a）　　（b）　　（a）　　（b）

图9-59　电极探头符号　　　图9-60　绘制圆和直线　　图9-61　电源接线端

（4）向结构图中插入元器件、修剪图形、删除多余线条

（5）添加注释文字（字高为5，宽度比0.7）

做一做 2　绘制如图 9-62 所示的电动机控制电路图。

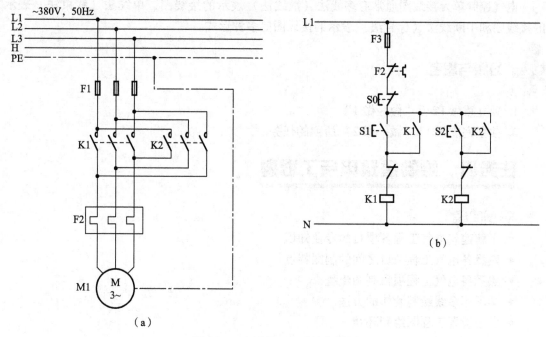

图 9-62　电动机正、反转控制图

☞ 学一学 2　电气控制电路图和接线图的基本概念

1. 什么是电气控制图

由各种控制元器件和线路构成，对电动机或其他用电设备的运行方式进行控制的装置，称为电动机或其他用电设备的控制装置。

以电动机或其他用电设备的控制装置作为主要描述对象，表示该装置的工作原理、电气连接和安装方法等的图样，称为电气控制图。其中，主要表示其工作原理的称为控制电路图；主要表示其电气接线的称为控制接线图。

总之，电气控制图是最大量、最常见的一类电气工程图，无论是工农业生产用的风机、水泵、加工机械、施工机械、电气运输机械等，还是各种家用电器，如电视机、电冰箱、洗衣机、空调器、电风扇等的安装、使用和维修，人们都要接触电气控制图。因此，有必要深入了解这类图的形式、特点及其阅读方法。

2. 电气控制电路图

将控制装置各种电气元件用图形符号表示并按其工作顺序排列，详细表示控制装置、电路的基本构成和连接关系的图，称为电气控制电路图。

3. 电气控制接线图

表示电气控制装置中各元件连接关系、主要用于安装接线和查找的简图，称为电气控制接线图。

根据表达对象和使用场合的不同，电气控制接线图可分为单元接线图、端子接线图等；也可同时给出接线表。

电气控制单元接线图通常有多线法（散线法）表示的接线图、单线法（线束法）表示的接线图和中断线法（标号法）表示的接线图等多种形式。

 ## 习题与思考

1. 独立重做 P210 "做一做 1"。
2. 独立完成 P213 "做一做 2" 所列的任务。

任务四　绘制建筑电气工程图

学习目标

- 了解建筑电气工程各项目的专业知识
- 熟悉各电气工程项目之间的制图特点
- 熟悉各电气工程项目制图流程
- 学习用多线绘制墙体的方法
- 学会设置工程图绘制环境

☞ 学一学 1　建筑电气工程图的基本概念

1. 概述

为在一定程度上满足人们的生产生活需求，现代工业与民用建筑中都要安装多种具有不同功能的电气设施，如照明灯具、电源插座、电视、电话、消防控制装置、各种工业与民用的动力装置、控制设备、智能系统、娱乐电气设施及避雷装置等。这些电气设施都要经过专业人员专门设计表达在图纸上，这些相关图纸就称为电气施工图（也可称为电气安装图）。在建筑施工图中，它与给排水施工图、采暖通风施工图一起，统称为设备施工图，其中电气施工图按"电施"进行编号。

各种电气设施都需表达在图纸中，主要涉及两个方面：一是供电、配电线路的规格与敷设方式；二是各类电气设备与配件的选型、规格与安装方式。而导线、各种电气设备及配件等本身在图纸中多数并不是采用投影制图，而是用国际或国内统一规定的图例、符号及文字表示；可参见相关标准规程的图例说明，亦可在图纸中予以详细说明，并将其标绘在按比例绘制的各种建筑结构投影图中（系统图除外），这也是电气施工图的一个特点。

2. 建筑电气工程项目的分类

建筑电气工程满足了不同的生产、生活及安全等方面的功能要求，这些功能的实现又涉及多项更详细具体的功能项目，共同组建这些项目环节以满足整个建筑电气的整体功能。建筑电气工程一般可包括以下一些项目。

（1）外线工程

室外电源供电线路、室外通信线路等，涉及强电和弱电，如电力线路和电缆线路。

（2）变配电工程

由变压器、高低压配电框、母线、电缆、继电保护与电气计量等设备组成的变配电所。

（3）室内配线工程

室内配线工程主要有线管配线、桥架线槽配线、瓷瓶配线、瓷夹配线、钢索配线等。

（4）电力工程

各种风机、水泵、电梯、机床、起重机以及其他工业与民用、人防等动力设备（电动机）和控制器与动力配电箱。

（5）照明工程

照明电器、开关按钮、插座和照明配电箱等相关设备。

（6）接地工程

各种电气设施的工作接地、保护接地系统。

（7）防雷工程

建筑物、电气装置和其他构筑物、设备的防雷设施，一般需经有关气象部门防雷中心检测。

（8）发电工程

各种发电动力装置，如风力发电装置、柴油发电机设备等。

（9）弱电工程

智能网络系统、通信系统（广播、电话、闭路电视系统）、消防报警系统、安保检测系统等。

3. 建筑电气工程图的基本规定

工业与民用建筑的各个环节均离不开图纸的表达，建筑设计单位设计、绘制图纸，建筑施工单位按图纸组织工程施工，图纸成为双方信息表达交换的载体，所以设计和施工等部门必须共同遵守图纸的一定格式及标准。这些规定包括建筑电气工程自身的规定，也需涉及机械制图、建筑制图等相关工程方面的一些规定。

建筑电气制图一般主要参阅《GB/T 50001—2001 房屋建筑制图统一标准》及《GB/T 18135—2000 电气工程 CAD 制图规则》等。

电气制图中涉及的图例、符号、文字符号及项目代号可参照标准《GB 4728 电气图用图形符号》、《GB/T 54652—1996 电气设备用图形符号》、《GB/T 5094—1985 电气技术中的项目代号》等。

同时，对于电气工程中的一些常用术语应能认识和理解，以方便识图。我国的相关行业标准和国际上通用的 IEC 标准都比较严格地规定了电气图的有关名词术语及其概念。这些名词术语是电气工程图制图及阅读所必需的。读者需要时可查阅一些相关文献资料，详细认识了解。

4. 建筑电气工程图的特点

建筑电气工程图的内容则主要通过如下图纸表达，即系统图、位置图（平面图）、电路图（控制原理图）、接线图、端子接线图、设备材料表等。建筑电气工程图不同于机械图、建筑图，掌握了解建筑电气工程图的特点，将会对建筑电气工程制图及识图提供很多方便。建筑电气工程图有如下一些特点。

（1）建筑电气工程图大多是在建筑图上采用统一的图形符号，并加注文字符号绘制出来的。绘制和阅读建筑电气工程图，首先必须明确和熟悉这些图形符号、文字符号及项目代号所代表的内容和物理意义以及它们之间的相互关系。关于图形符号、文字符号及项目代号可查阅相关标准的解释，如《GB 4728：电气图用图形符号》、《GB/T 5094—1985：电气技术中的项目代号》。

（2）任何电路均为闭合回路，一个合理的闭合回路一定包括四个基本元素，即电源、用电设备、导线和开关控制设备。正确读懂图纸还必须了解各种设备的基本结构、工作原理、工作程序、主要性能和用途，以便于对设备进行安装及运行的操作管理。

（3）电路中的电气设备、元件等之间都是通过导线连接起来构成一个整体的。识图时可将各有关图纸联系起来，相互参照，可将系统图、电路图联系起来，通过布置图、接线图找位置，交叉查阅可达到事半功倍的效果。

（4）建筑电气工程施工通常是与土建工程及其他设备安装工程（给排水管道、工艺管道、采暖通风管道、通信线路、消防系统及机械设备等设备安装工程）施工相互配合进行的。故识读建筑电气工程图时应与有关的土建工程图、管道工程图等对应、参照起来阅读，仔细研究电气工程的各施工流程，以提高施工效率。

（5）有效识读电气工程图也是编制工程预算和施工方案必须具备的一项基本功能，它能有效指导施工、设备的维修和管理。在识图时还应熟悉有关规范、规程及标准的要求，这样才能真正读懂、读通图纸。

5. 动力和照明线路在图上的表示方法

动力及照明线路在平面图上均用图线加文字符号来表示。图线通常用单线表示一组导线，同时在图线上打上短线表示根数，也可画一条短斜线，在短斜线旁标注数字来表示导线的根数，对于两根导线，可用一条图线表示，不必标注根数，这在动力及照明平面图中已成惯例。导线根数的表示方法如图 9-63 所示。

图 9-63　导线根数的表示方法

6. 线路标注的一般格式

在平面图上用图线表示动力及照明线路时在图线旁还应标注一定的文字符号，以说明线路的编号、导线型号、规格、根数、线路敷设方式及部位等，标注的一般格式如下：

$$a—d—(e \times f)—g—h$$

各符号的含义是：

a——线路编号或线路功能的符号；

d——导线型号；

e——导线根数；

f——导线截面积 mm^2（不同的截面积应分别表示）；

g——导线敷设方式或穿管管径；

h——导线敷设部位。

图 9-64 为线路在平面图上表示的示例。

图 9-64（b）中"N1—BV—2×2.5—MT20—FC"，表示为 N1 回路，导线型号为铜芯

塑料绝缘线，2 根截面积均为 $2.5mm^2$ 的导线，穿管径为 20mm 的电线管，沿地板暗敷。图中到插座的导线："N2—BV—2 × 2.5 + PE2.5—MT20—WC"比 N1 回路多一根截面积为 $2.5mm^2$ 的保护线，敷设方法改为沿墙暗敷。

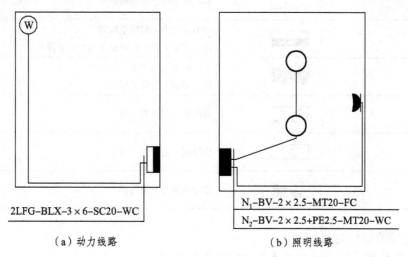

2LFG–BLX–3 × 6–SC20–WC

（a）动力线路

N_1–BV–2 × 2.5–MT20–FC

N_2–BV–2 × 2.5+PE2.5–MT20–WC

（b）照明线路

图 9-64　线路表示方法

图（a）中的"2LFG—BLX—3 × 6—SC20—WC"表示 2 号动力分干线，导线型号为铝芯橡皮绝缘线，由 3 根截面积各为 $6mm^2$ 的导线，穿管径为 20mm 的钢管沿墙暗敷。

在有些平面图上，为了减少图面的标注量，将配电箱通往各用电设备的线路上反映导线型号、规格及敷设方式的文字符号不直接在平面图上进行标注，而是采用管线表的标注方法，即在平面图上只标注线路的编号，如 N123，N312……等，另外再提供一个线路管线表，表中列出编号管线的导线型号、规格、长度、起点、终点、敷设方式、管径大小等。在读图时，看到图上线路的编号，只要通过管线表，即可查出所需要的数据。这种标注方法可提高图纸的清晰度。

7. 常用动力及照明设备在图上的表示方法

常用的动力及照明设备，如电动机、动力及照明配电箱、灯具、开关、插座及其他家用电器（如空调器、电风扇、电铃）等往往也需要在动力及照明平面图上表示出来。这些设备在图上的表示方法一般是采用图形符号和文字标注相结合的表达方式。

（1）配电箱的表示方法

① 配电箱的概念。

配电箱是动力和照明工程中的主要设备之一，是由各种开关电器、仪表、保护电器、引入引出线等按照一定方式组合而成的成套电气装置，用于电能的分配和控制。主要用于动力配电的称为动力配电箱；主要用于照明配电的称为照明配电箱；两者兼用的称为综合式配电箱。

② 配电箱的安装方式。

配电箱的安装方式有明装、暗装（嵌入墙体内）及立式安装等几种形式。

③ 配电箱的表示方法。

配电箱在平面图上用图形和文字标注两种方法表示。

④ 配电箱的图形符号。

各种配电箱的图形符号见表 9-7。

表9-7 配电箱的图形符号

序号	图形符号	说 明
1		屏、台、箱、柜一般符号
2		动力或动力–照明配电箱 注：需要时符号内可标示电流种类符号
3		照明配电箱（屏） 注：需要时允许涂红
4		事故照明配电箱（屏）
5		信号板、信号箱（屏）
6		多种电源配电箱（屏）

⑤ 配电箱的型号表示。

照明配电箱型号的表示方法及含义如图9-65所示。

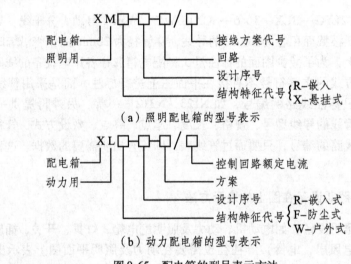

（a）照明配电箱的型号表示

（b）动力配电箱的型号表示

图9-65 配电箱的型号表示方法

⑥ 配电箱的文字标注。

配电箱的文字标注格式一般为 $a\dfrac{b}{c}$ 或 $a-b-c$。当需要标注引入线的规格时，则应标注为

$$a\frac{b-c}{d(e\times f)-g}$$

其中 a——设备编号；

b——设备型号；

c——设备容量（kW）；

d——导线型号；

e——导线根数；

f——导线截面（mm^2）；

g——导线敷设方式及部位。

例如，在配电箱旁标注 $2\dfrac{\text{XMR201}-08-1-12}{\text{BV}-4\times16+\text{PE16}-\text{SC40}-\text{WC}}$，则表示 2 号照明配电箱、型号为 XMR201 – 08 – 1，容量为 12kW，配电箱进线为 4 根 16mm^2 塑料铜芯线，穿管径为 40 的钢管，另有一根 16mm^2 保护线，沿墙暗敷。

（2）常用照明灯具的表示方法

照明灯具在平面图上也是采用图形符号和文字符号两种方法表示。

① 文字标注格式。

照明灯具的文字标注格式一般为：$a-b\dfrac{c\times d\times l}{e}f$ 或灯管的功率（W）。

其中 a——同类照明灯具的数量；

b——灯具的型号或编号；

c——灯具内灯泡的个数；

e——灯具安装高度；

f——灯具安装方式；

l——电光源的种类（一般不标注）。

② 文字符号新旧对照表。

线路敷设方式文字符号新旧对照见表9-8，

线路敷设部位文字符号新旧对照见表9-9。

表 9-8　线路敷设方式文字符号新旧对照表

中文名称	旧标准	新标准
明敷	M	E
暗敷	A	C
瓷瓶配线	CP	K
铝卡配线	QD	AL
瓷夹配线	VJ	PL
塑料夹配线	VJ	PCL
穿阻燃半硬塑料管配线	BVG	FPC
电线管配线	DG	MT
钢管配线	G	SC
硬塑料管配线	VG	PC
金属线槽配线	GC	MR
塑料线槽配线	XC	PR
电缆桥架配线		CT
钢索配线	S	M
金属软管配线	SPG	FMC

表 9-9　线路敷设部位文字符号新旧对照表

中文名称	新标准	旧标准
梁	B	L
柱	CL	Z
墙	W	Q
地面（板）	F	D
构架	R	
顶棚	C	P
吊顶	SC	P

8. 动力和照明供电系统图

动力和照明供电系统图是表示建筑物内外的动力（如电动机等）、照明及其他常用电器

（如电风扇、空调器）的供电和配电基本情况的图纸。在电气系统图上，集中反映了动力和照明的安装容量、计算容量、计算电流、配电方式、导线和电缆的型号、规格及线路的敷设方式、穿管管径和开关、熔断器及其他控制保护设备的规格、型号等。

图 9-66 所示为照明供电系统图图例，从图中可以看出，该照明系统图采用单线图绘制，电源进线采用三相五线制（TN—S 系统），引自低压配电室；进线采用 4 根截面为 $10mm^2$ 和一根 $10mm^2$ 的保护线。总开关为 NC100H/3P 型的空气开关，三极，脱扣器的整定电流为 40A，电源进线后经照明配电箱分成 6 个回路，其中 4 个回路上接照明灯，一个回路为插座，另一回路为备用。导线敷设方式为穿管径为 20mm 的塑料管在吊顶内暗敷，同时该照明系统图还标出了每个回路的容量和灯具数量。

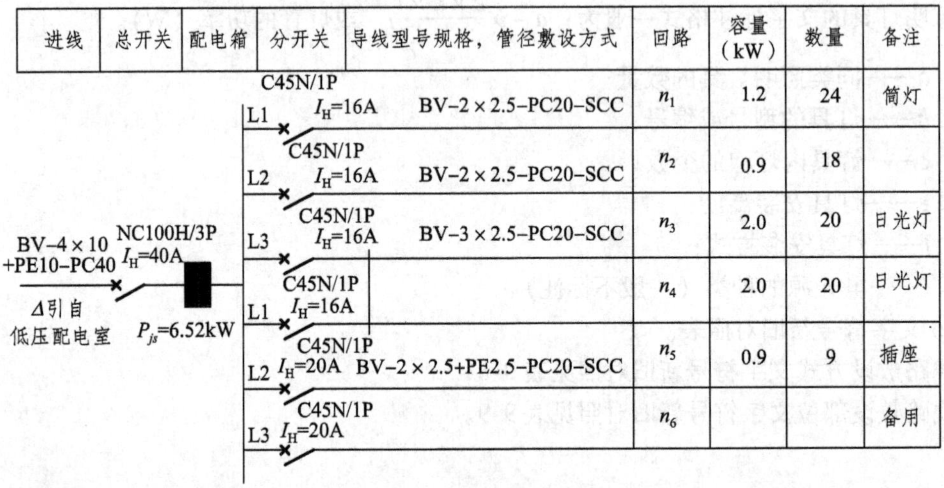

进线	总开关	配电箱	分开关	导线型号规格，管径敷设方式	回路	容量（kW）	数量	备注
			C45N/1P L1 I_H=16A	BV–2×2.5–PC20–SCC	n_1	1.2	24	筒灯
			C45N/1P L2 I_H=16A	BV–2×2.5–PC20–SCC	n_2	0.9	18	
			C45N/1P L3 I_H=16A	BV–3×2.5–PC20–SCC	n_3	2.0	20	日光灯
BV–4×10 +PE10–PC40 I_H=40A △引自 低压配电室 P_{js}=6.52kW	NC100H/3P		C45N/1P L1 I_H=16A		n_4	2.0	20	日光灯
			C45N/1P L2 I_H=20A	BV–2×2.5+PE2.5–PC20–SCC	n_5	0.9	9	插座
			C45N/1P L3 I_H=20A		n_6			备用

图 9-66　照明供电系统图

9. 动力和照明平面图

动力及照明平面图是电力工程图中最重要的图纸，它是集中表示建筑物内动力、照明设备和线路平面布置的图纸。这种图纸是按照建筑物不同标高的楼层分别画出的，并且将动力与照明分开。它反映建筑物的平面形状、大小、墙柱的位置、厚度、门窗的类型以及建筑物内配电设备、动力、照明设备等平面布置、线路走向等情况。

动力及照明平面图主要表示动力及照明线路的敷设位置、方式、导线型号规格、根数、穿管管径等，同时还标出了各种用电设备（如各种灯具、电动机、电风扇、插座等）及配电设备（如配电箱、开关等）的数量、型号和相对位置。

图 9-67 为某单位办公楼第二层的电气照明平面图。该办公楼室内均采用 BV 塑料铜芯线穿电线管沿地板、墙或平顶暗敷，从图中可以看出，该层有一双开间会议室、4 间办公室及厕所。会议室有 4 套花灯，每套灯中有 5 个 25W 的白炽灯，花灯离地 2.5m，管吊式安装，分别由一个单控四联开关控制；该会议室还装有两盏 40W 的壁灯，离地 2m 安装。每个办公室有两套每只灯管为 40W 的双管日光灯，吸顶安装、走廊和厕所均用圆球吸顶灯，功率为 40W，办公室及会议室还装有若干个单相插座（暗装），每个房间的灯均用暗装的单控开关控制。

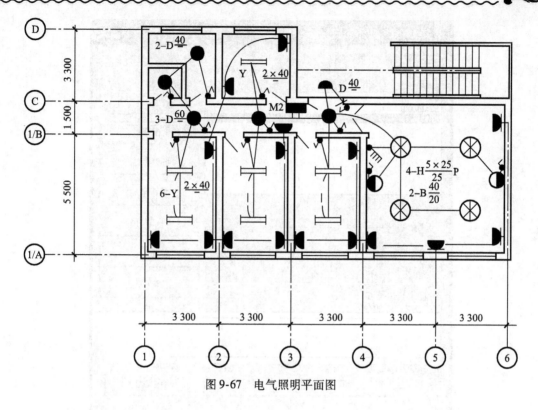

图 9-67 电气照明平面图

☞ 学一学2 墙体的绘制方法

- 墙体的绘制命令：多线 MLINE
- 墙体的绘制方法

① 设置墙线的参数。单击下拉菜单"格式多线样式"→弹出"多线样式"对话框→在【多线样式】对话框中单击"新建"按钮，设置多线样式名→单击"继续"按钮→弹出【新建多线样式对话框】（见图9-68）→在对话框中将上偏移系数设为120，下偏移系数设为–120→单击"置为当前"按钮→单击"确定"按钮。见图9-68和图9-69。

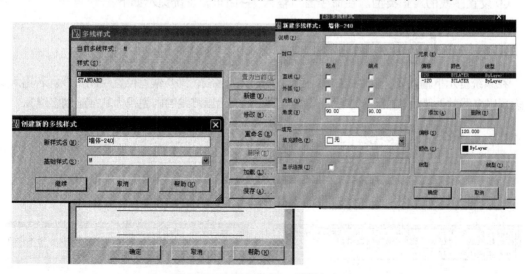

图 9-68 "多线样式"对话框（一）

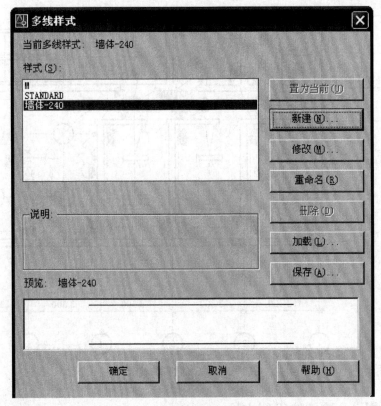

图 9-69　"多线样式"对话框（二）

注意：绘制 240mm 的墙体，需将上下偏移量设为 120 和 –120，比例设为 1。

② 调用"多线"命令。单击下拉菜单"绘图多线"，系统提示如下：

```
命令：_mline
当前设置：对正 = 无，比例 = 20.00，样式 = 墙体-240
指定起点或 [对正(J)/比例(S)/样式(ST)]：
```

③ 设置多线的对正类型。在命令窗口输入 J→回车，系统提示如下：

```
指定起点或 [对正(J)/比例(S)/样式(ST)]：j
输入对正类型 [上(T)/无(Z)/下(B)] <上>：
```

在系统提示下输入 Z（以多线的中心线为基准绘制多线，即 0 偏差位置绘制多线。若输入 T，则表现以多线的外侧为基准绘制多线；若输入 B，则表示以多线的内侧线为基准绘制多线）。

```
输入对正类型 [上(T)/无(Z)/下(B)] <无>：z
当前设置：对正 = 无，比例 = 20.00，样式 = 墙体-240
指定起点或 [对正(J)/比例(S)/样式(ST)]：
```

④ 设置多线的比例。在命令窗口输入 S→回车，系统提示如下：

```
当前设置：对正 = 无，比例 = 20.00，样式 = 墙体-240
指定起点或 [对正(J)/比例(S)/样式(ST)]：S
输入多线比例 <20.00>：1
```

```
输入多线比例 <20.00>：1
当前设置：对正 = 无，比例 = 1.00，样式 = 墙体-240
指定起点或 [对正(J)/比例(S)/样式(ST)]：
```

在系统提示下输入 1→回车。

⑤ 按所设置参数画墙线并对墙线进行编辑。

单击下拉菜单"修改"／"对象"／多线→弹出多线编辑工具对话框（见图9-70（a））→分别选择"T形打开"选项和"角点结合"选项→返回绘图窗口，系统提示：选择第一条线→用光标选择第一条线（竖直线）→选择第二条线（水平线）（见图9-70（b））。

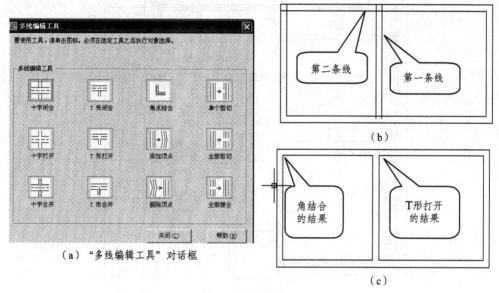

（a）"多线编辑工具"对话框

（b）

（c）

图 9-70

提示：绘图时如果单击了错误的地方，可在命令行提示输入下一点时输入 U 并回车，则意味着撤销上一次输入的点，撤销后再重新选取正确的点即可。在 AutoCAD 的很多连续操作命令中都提供了撤销上次操作的功能。如果不在命令执行当中而是在"命令:"下直接输入 U 并回车，将撤销上次执行的整个命令。有时候不小心删除了要保留的东西，就要执行这样的操作。另外输入 OOPS 后回车，也可撤销上次操作命令，但是 OOPS 不能在其他命令执行的过程中使用。

☞ 学一学3 电气照明工程图的绘制

以图 9-71 电气照明平面图为例介绍电气照明工程图的绘制。

1. 知识点

通过建筑平面图、照明平面图、插座平面图和照明系统图的绘制，巩固以下 CAD 绘图和编辑命令。

- 学会设置绘制参数；
- 使用"直线 LINE、圆 CIRCLE"命令；
- 使用"剪切 TRIM、复制 COPY"命令；
- 使用"旋转 ROTATE、阵列 ARRAY"命令；
- 使用"镜像 MIRROR"命令；
- 使用"多线 MLINE"命令绘制和编辑墙体；
- 使用"创建块"命令、"定义块属性"命令。

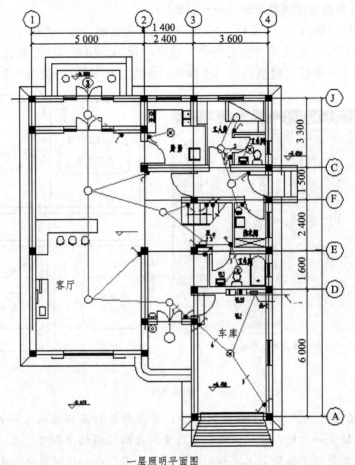

一层照明平面图

图 9-71　电气照明平面图

2. 绘制提示

1）绘图环境设置

（1）图形界限（绘图区域大小）设置（21 000mm×29 700mm）

建筑电气工程图通常采用"毫米"作为基本单位，一个图形单位为1mm。并且采用1∶1的绘图比例，即按照所绘对象的实际大小绘制。例如，窗的宽度为1 000mm，则在AutoCAD中绘制1 000个单位的宽度，如图 9-72 所示。

图形界限＝比例因子×图幅（比例因子为图纸比例的倒数）

单击下拉菜单："格式"／"图形界限"→在系统提示下直接回车（图纸左下角的坐标为0.000，0.000）→系统提示：指定右上角＜420.0000，297.0000＞:，在系统提示下输入右上角的坐标：指定右上角＜210.0000，297.0000＞：21 000，29 700→回车→再单击下拉菜单："视图"／"缩放"／"范围"（完成设置）。

（2）单位设置

①在命令窗口中输入"UNITS"或执行"格式"／"单位"命令调用单位设置命令。

②打开"图形单位"对话框，在"长度"选项组中设置长度单位和精度，这里设置"类型"为"小数"，"精度"为"0"（即没有小数位），如图 9-73 所示。

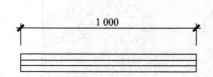

图 9-72　绘制窗的宽度为 1 000mm　　　　图 9-73　"图形单位"对话框

③ 在"插入比例"选项组中选择"用于缩放插入内容的单位"为"毫米"，这样当调用非毫米为单位的图形时，图形能够自动根据单位比例进行缩放。

④ 最后单击"确定"按钮关闭对话框，完成单位设置。

（3）文字样式的设置

文字样式是字体、高度与宽度比例等有关文字格式的集合。在创建文字注释或尺寸标注时，AutoCAD 通常使用默认的文字样式。用户也可以根据需要重新设置文字样式，或创建新的样式。下面以创建"电气照明平面图"文字样式为例，介绍文字样式的创建方法。

① 在命令窗口中输入 STYLE 并按【Enter】键，或选择"格式"/"文字样式"调用文字样式命令。

② 打开"文字样式"对话框，如图 9-74 所示。默认情况下，"样式名"下拉列表中只有唯一的"Standard"样式，在用户未创建新样式之前，所有输入的文字均使用该样式。

③ 在【文字样式】对话框中单击"新建"按钮，在弹出的"新建文字样式"对话框中输入新样式的名称，如图 9-75 所示。单击"确定"按钮返回【文字样式】对话框。

图 9-74　【文字样式】对话框　　　　图 9-75　【新建新样式】对话框

④ 在"字体"选项组中设置文字的字体为"仿宋 GB 2312"、高度为 300，在"效果"选项组中设置文字的"宽比例"为 0.7 和"倾斜角度"为 0，如图 9-76 所示。

⑤ 设置完成后单击"确定"按钮关闭对话框。单击"新建"按钮可继续创建其他所需的文字样式。

（4）尺寸标注样式的设置

依据用途和打印比例的不同，需要采用不同的标注样式。特别是作为一种建筑工程图，尺寸标注必须符合相关的国家标准和制作规范，尺寸起止符一般使用中粗斜短线绘制，其倾斜方向应与尺寸界线成顺时针45°角；标注半径、直径、角度和弧长尺寸时宜用箭头。除此之外，同一套施工图纸应该使用统一比例的尺寸标注，因此，在标注图形之前，应按照图形的输出比例设置好标注样式。

图9-76 【文字样式】设置对话框

AutoCAD 2006 默认使用 ISO–25 样式作为标注样式，在用户未创建新的尺寸标注样式之前，图形中所有尺寸标注均使用该样式。下面以输出比例1∶100为基准创建一个尺寸标注样式，方法如下：

① 在命令窗口中输入 DIMSTYLE 并按【Enter】键，或执行"格式"/"标注样式"命令打开【标注样式管理器】对话框，如图9-77所示。

② 单击"新建"按钮，在打开的【创建新标注样式】对话框中输入新样式的名称："工程图标注"，如图9-78所示。单击"继续"按钮，继续新样式"工程图标注"的创建。

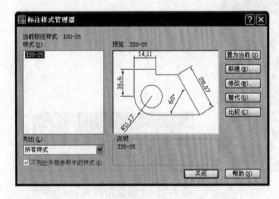

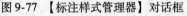

图9-77 【标注样式管理器】对话框   图9-78 【创建新标注样式】对话框

③ 系统弹出【新建标注样式工程图标注】对话框，选择"直线"选项卡，分别对尺寸线、尺寸界线等参数进行调整，如图9-79所示。

④ 选择"符号和箭头"选项卡，对箭头类型、大小进行设置，如图9-80所示。

⑤ 选择"文字"选项卡，对文字的高度、位置等参数行设置，如图9-81所示。

⑥ 选择"调整"选项卡，在"标注特征比例"选项组中设置"使用全局比例"为

"1"，如图9-82所示。

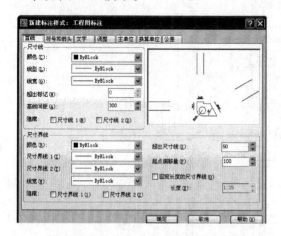

图9-79 "直线"选项卡参数设置

图9-80 "符号和箭头"选项卡参数设置

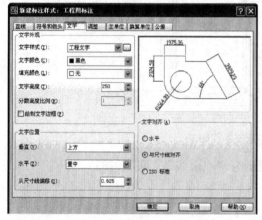

图9-81 "文字"选项卡参数设置

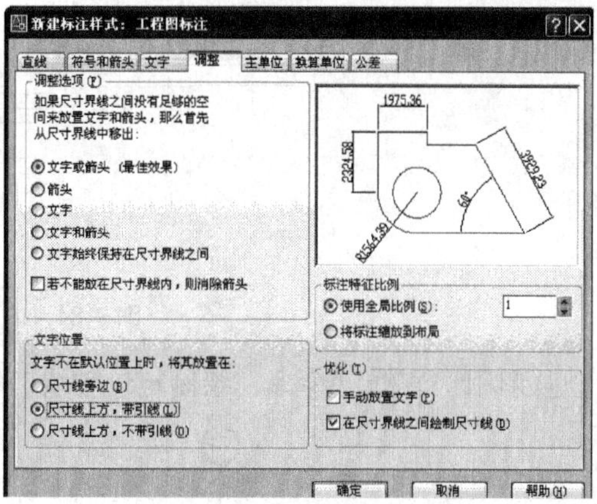

图9-82 "调整"选项卡

⑦上述参数设置完成以后，单击"确定"按钮返回【标注样式管理器】对话框，标注样式创建完成。

（5）设置图层：标注层、电气－照明层、电气－电线层、建筑层、轴线层，如图9-83所示。

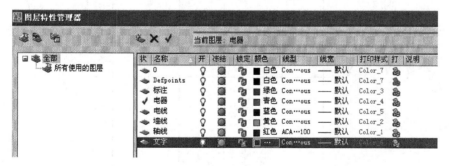

图9-83 设置图层

2）绘制一层建筑平面图（见图9-84）

（1）绘制定位轴线、轴号

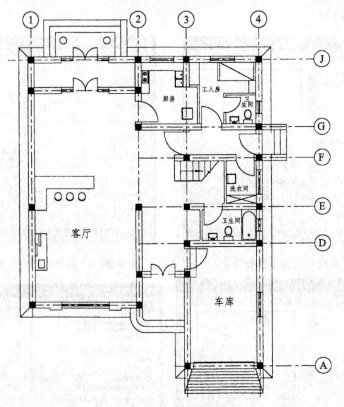

图 9-84   一层建筑平面图

① 调用"直线"命令，绘制定位轴线，线型为"点画线"（见图 9-85）。

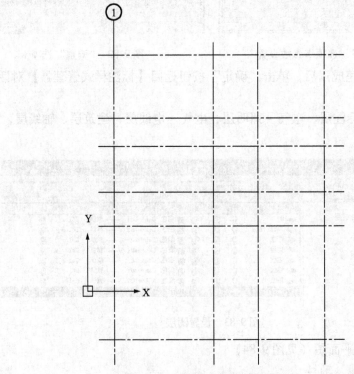

图 9-85   轴线和插入带属性的轴号

② 调用"圆"命令，绘制直径为800mm的轴号圆，并将轴号制作成带属性的块。制作方法如下：

第一步，给画好的轴号图形定义属性：

a. 单击下拉菜单【绘图】/块/定义属性，弹出【属性定义】对话框→在对话框中进行属性设置（见图9-86）→单击"确定"按钮。

b. 返回绘图窗口，系统提示：指定编号的起点→将光标移到轴号图形中偏右的位置，单击左键确定，效果如图9-87所示。

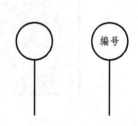

图9-86 块【属性定义】对话框　　　　　　图9-87 轴号图形

第二步，将具有属性的轴号定义成块：

单击下拉菜单"绘图"/"创建块"，弹出【块定义】对话框→在该对话框的"名称"框中输入块的名称"轴线编号"（见图9-88）；→单击"选择对象"按钮，在绘图窗口中选择轴号图形（见图9-89）；→系统返回【块定义】对话框，在对话框中单击"拾取点"按钮→系统返回绘图窗口，用光标确定块的插入点（见图9-90）；→返回对话框，单击"确定"按钮，即完成块的定义。

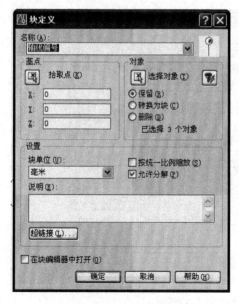

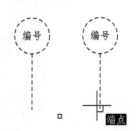

图9-88 【块定义】对话框　　　　　图9-89 选择定义块的图形对象

第三步，插入轴号图块：

调用插入块命令，弹出插入块对话框（见图 9-90）；→在"名称"下拉列表中选择块的名称为"轴线编号"；→在［缩放比例］分组框的"X"、"Y"、"Z"文本框中输入图块的缩放比例因子为 $X = 1$、$Y = 1$、$Z = 1$；→单击"确定"按钮，返回绘图窗口，系统提示：指定插入点；→捕捉轴线的端点，系统提示：输入轴线编号 < A >：→在系统提示下，输入编号"1"→回车，即完成图块的插入（见图 9-90）。

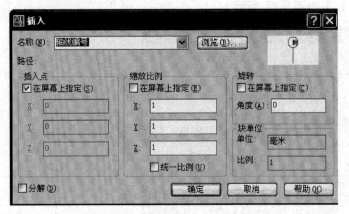

图 9-90　图块【插入】对话框

（2）绘制墙线

① 设置"多线"的偏移量。单击下拉菜单命令【格式】／【多线样式】，弹出【多线样式】对话框（见图 9-91）；→在【多线样式】对话框中，单击新建按钮，设置多线样式名；→单击"继续"按钮；→弹出【新建多线样式对话框】（见图 9-92（a））；→在对话框中将上偏移系数设为 120，下偏移系数设为 – 120；→单击"确定"按钮；→返回【多线样式】对话框；→单击"置为当前"按钮，将多线"墙体 – 240"设为"当前"；→单击"确定"按钮，即完成设置（见图 9-92（b））。

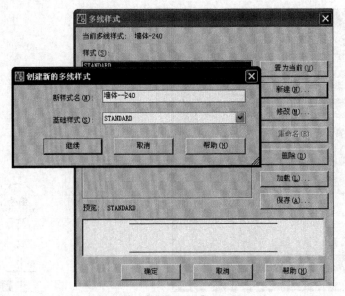

图 9-91　【多线样式】对话框

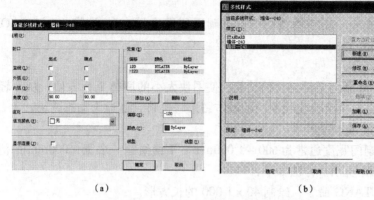

（a）　　　　　　　　　　　　　（b）

图9-92　【新建多线样式】设置对话框

② 调用"多线"命令，系统提示：→输入"J"（选择"对正类型"），系统提示：

指定起点或　[对正(J)/比例(S)/样式(ST)]：

输入对正类型　[上(T)/无(Z)/下(B)]　〈无〉

　　在系统提示下，输入"Z"（选择以多线的中心线为基准，即以0偏差的位置绘制多线；
　　若输入"T"表示以多线的外侧线为基准绘制多线；若输入"B"则以多线的内侧线
为基准绘制多线）；→输入"S"（设置多线的比例），在系统的提示下，输入多线的比例
"1"→回车，完成多线参数设置（见图9-93）；→绘制墙线。编辑、修改墙线（见图
9-94）。

当前设置：对正 = 无，比例 = 1.00，样式 = 墙体--240

指定起点或　[对正(J)/比例(S)/样式(ST)]：

图9-93

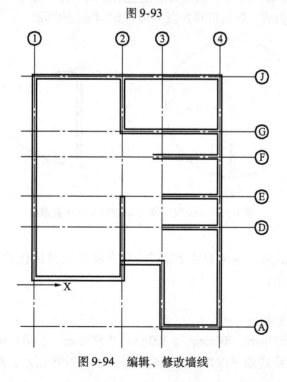

图9-94　编辑、修改墙线

（3）绘制墙柱

用"矩形"命令绘制柱的截面图，再调用"图案填充"命令，选择"SOLID"图案，对柱进行图案填充。

（4）绘制门

AutoCAD 2006 新增了动态块的功能，使图块大小的调整更为方便，从而轻松解决了门洞大小不一的问题。本节首先绘制门的基本图形，再将它创建为动态图块。

① 绘制门窗的基本图形

室内普通单扇门宽度通常为 600～1 000mm。下面绘制一个宽 1 000mm 的门作为门的基本图形，如图 9-95 所示。方法如下：

a. 调用 RECTANG 命令，绘制 40 × 1 000 的长方形。

b. 开启 AutoCAD 的"极轴追踪"和"对象捕捉"功能，调用"绘制直线 LINE"命令，捕捉并单击绘制的长方形左上角的端点作为直线的第一个端点，绘制长为 1 000mm 的水平线段，如图 9-96 所示。

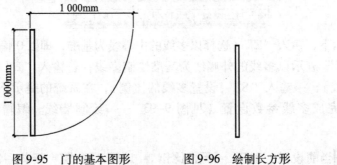

图 9-95　门的基本图形　　　　　图 9-96　绘制长方形

c. 调用绘制圆 CIRCLE 命令，以长方形左上角端点为圆心绘制半径为 1 000mm 的圆见图 9-97（a）；进行修剪后，即可得到如图 9-97（b）所示的图形。

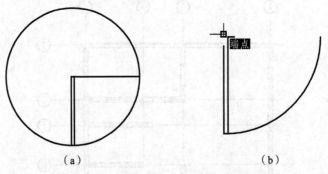

（a）　　　　　　　　　　　　（b）

图 9-97　再绘制半径为 1 000mm 的圆并修剪

② 将门创建成块

门的图形绘制完成后，即可调用 BLOCK 命令将其定义成图块，块的名称为"门 - 1 000"以方便以后调用。

（5）窗的绘制

a. 绘制窗的基本图形

窗的宽度一般有 600mm、900mm、1 200mm、1 500mm、1 800mm 等几种，下面绘制一个宽为 1 000、长为 100 的图形作为窗的基本图形，如图 9-98 所示，绘制方法如下：

- 调用 RECTANG 命令绘制 1 000 × 100 的长方形；

图 9-98 窗的图形

- 由于需要对长方形的边进行偏移操作，所以需调用 EXPLODE 命令将长方形分解；
- 调用 OFFSET 命令偏移分解后的长方形，将上下两条边分别偏移 35mm。

b. 创建图块

应用前面介绍的创建门图块的方法，创建"窗-1 000"图块。

3）绘制照明平面图

照明平面图反映了灯具、开关的安装位置、数量和线路的走向，是电气施工不可缺少的图样，同时，也是将来电气线路检修和改造的主要依据。

（1）绘制照明电气元件

① 绘制单极暗装开关

a. 调用"圆"命令，绘制半径为 250mm 的圆，如图 9-99（a）所示。

b. 调用"直线"命令，绘制长度为 1 000mm 的水平直线，如图 9-99（b）所示。

c. 调用"直线"命令，以水平直线的端点为起点绘制长度为 500mm 的竖直直线，如图 9-99（c）所示。

d. 调用"旋转"命令，以圆心为旋转点，将两直线段逆时针旋转 45°，如图 9-99（d）所示。

e. 调用"图案填充"命令，将圆填充成为黑色实心圆，如图 9-99（e）所示。

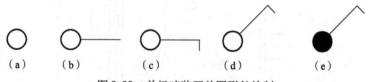

（a） （b） （c） （d） （e）

图 9-99 单极暗装开关图形的绘制

② 绘制排气扇。

a. 调用"圆"命令，绘制直径为 350mm 的圆，如图 9-100（a）所示。

b. 调用"直线"命令，绘制圆的竖直直径，如图 9-100（b）所示。

c. 调用"旋转"命令，将该直径绕圆心逆时针旋转 45°，如图 9-100（c）所示。

d. 调用"镜像"命令，将直径镜像，得到另一条直径，如图 9-100（d）所示。

e. 调用"圆"命令，开启"对象捕捉"、"对象追踪"功能；捕捉到圆心，绘制直径为 100mm 的同心圆，如图 9-100（e）所示。

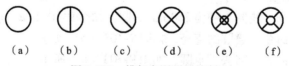

（a） （b） （c） （d） （e） （f）

图 9-100 排气扇图形的绘制

f. 调用"修剪"命令，剪去较小的同心圆内的直线，使其完全空心，如图 9-100（f）所示。

按照上面两个电气元件的绘制方法绘制其他元件。将绘制好的元件通过"复制"等基本命令按本电气照明图的需要（本例图为一层照明平面图）将灯具、开关、配电箱等一一对应复制到相应位置。

（2）放置照明设备

（3）绘制线路

线路可使用"ARC、LINE、PLINE"等命令绘制。

下面以车库为例介绍线路的绘制方法（见图 9-101）。

① 调用"直线"命令，从配电箱引出一条线连接到车库中间的；再从密闭灯具上引出两条线分别与两个双控开关连接，如图 9-101 所示。

② 调用"文字"命令，进行回路编号。

③ 使用同样的方法，完成其他功能用房线路的绘制。

（4）文字说明和尺寸标注

调用"单行文字"命令和"线性标注"命令，对照明平面图进行尺寸标注并添加文字说明，结果如图 9-101 所示。

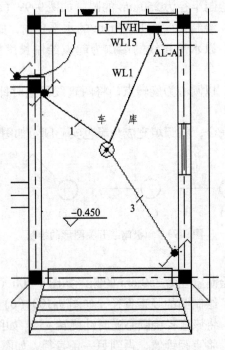

图 9-101　线路绘制

4）绘制插座平面图（见图 9-102）

（1）绘制插座、开关

① 调用"圆"命令，绘制直径为 350mm 的圆，如图 9-103（a）所示。

② 调用"直线"命令，绘圆的直径，如图 9-103（b）所示。

③ 调用"修剪"命令，剪去下半圆，如图 9-103（c）所示。

④ 复制直径，如图 9-103（d）所示。

⑤ 调用"直线"命令绘制竖直线如图 9-103（e）所示。

⑥ 调用"图案填充"命令，将半圆填充为阴影，如图 9-103（f）所示。

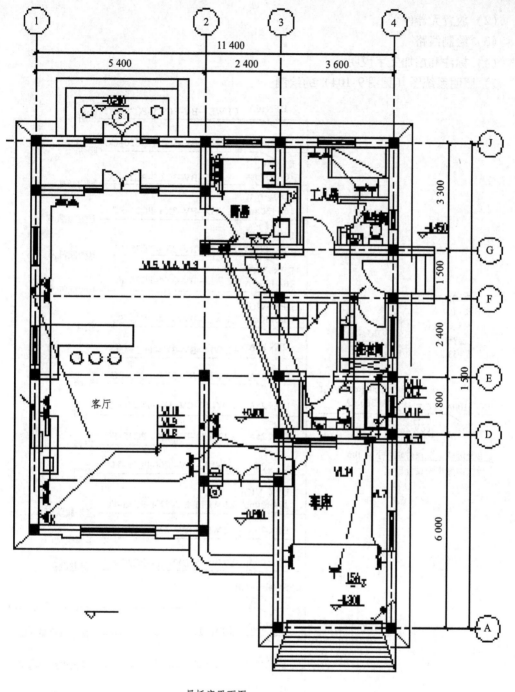

一层插座平面图

图 9-102　插座平面图

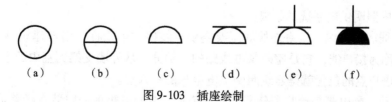

（a）　　　（b）　　　（c）　　　（d）　　　（e）　　　（f）

图 9-103　插座绘制

（2）放置元器件

（3）绘制线路

（4）标注和添加文字说明

5）照明系统图（见图9-104）的绘制

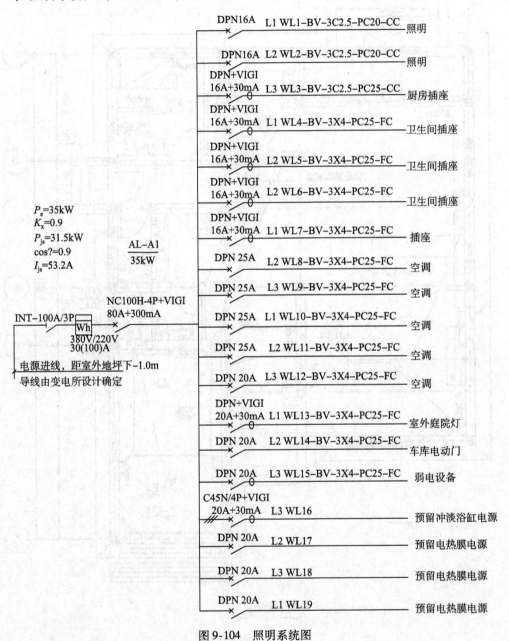

图 9-104　照明系统图

（1）室内照明供电系统的组成

①接户线和进户线。从室外的低压架空供电线路的电线杆上引至建筑物外墙的运河架的这段线路称为接户线，它是室外供电线路的一部分。从外墙支架到室内配电盘这段线路称为进户线，进户点的位置就是建筑照明供电电源的引入点。

②配电箱。配电箱是接收和分配电能的装置。在配电箱里一般装有断路器、计量装置、

电源指示灯等。

③ 干线。从总配电箱引至分配电箱的一段供电线路称为干线。干线的布置方式有放射树干式和混合式。

④ 支线。从分配电箱引至电灯等照明设备的一段供电线路称为支线，也称为回路。

配电系统图反映了室内配电各回路所使用的电线、导管、元件（如断路器）的型号规格、额定电流等数据，结合插座、照明平面图，全面反映室内的供用电情况。

（2）绘制进户线部分（见图 9-105）

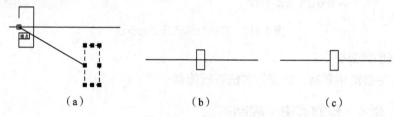

（a）　　　　　　　　（b）　　　　　　　　（c）

图 9-105　绘制进户线

① 调用 LINE 命令，绘制长为 3 050mm 的线段表示电线。

② 调用 RECTANG 命令，在绘制的线段附近，绘制 250×500 的矩形表示电度表，调用 EXPLODE 命令分解矩形。

③ 选择矩形，单击矩形左侧线段中间的夹点，单击鼠标右键，在弹出的快捷菜单中选择"移动"，捕捉长线段左端端点，向右水平移动 1 500 并按【Enter】键。

④ 绘制断路器。调用 RECTANG 命令，绘制 400×300 的矩形，调用 EXPLODE 命令将其分解，应用步骤③中的方法将矩形移动到如图 9-106 所示位置，两个矩形距离为 800。

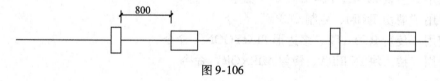

图 9-106

调用 LINE 命令，在刚才绘制的矩形内绘制一段斜线，调用 TRIM 命令，修剪矩形内的线段，修剪结果如图 9-107 所示。

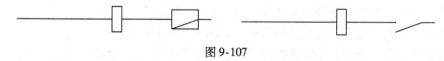

图 9-107

⑤ 调用 RECTANG 命令，绘制 70mm×70mm 的矩形。再调用 LINE 命令，绘制矩形的两条对角线，效果如图 9-108 所示。

⑥ 删除矩形，只留下矩形对角线，将对角线移到如图 9-109 所示线段端点处，完成断路器的绘制。

图 9-108　　　　　　　　图 9-109

⑦ 调用 TEXT 或 MTEXT 命令，标注输入进户线和总断路器的规格型号，完成进户线

部分的绘制（见图9-110）。

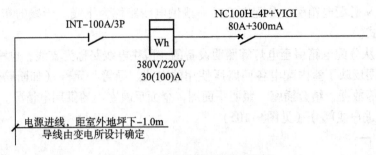

图9-110　对进户线部分进行标注

（3）绘制回路部分

回路部分主要使用复制、修改等方法进行绘制。

☞ 学一学4　绘制弱电工程图

建筑弱电工程是建筑电气的重要组成部分，它包括弱电平面图、弱电系统图，及其框图。弱电平面图是表达弱电设备、元件、线路等平面位置关系的图纸，它是是弱电设备布置、信号传输线路敷设的依据，是弱电工程施工安装调试所必需的。弱电系统图用来表示弱电系统中设备和元件的组成以及元件和器件之间的连接关系，对指导安装施工有重要作用。

1. 知识点

通过弱电平面图和有线电视系统图的绘制，学习和巩固以下CAD绘图和编辑命令。

➢ 使用"直线LINE、圆CIRCLE"命令
➢ 使用"剪切TRIM、复制COPY"命令
➢ 使用"旋转ROTATE、多边形PLOYGON"命令
➢ 使用"插入块INSERT、镜像MIRROR"命令

2. 绘制弱电平面图（见图9-112）

（1）电视天线四分配器图形的绘制

① 调用"圆"命令，绘制圆，如图9-111（a）所示。
② 调用"直线"命令，绘制圆的直径，如图9-111（b）所示。
③ 调用"修剪"命令，将圆修剪为半圆，如图9-111（c）所示。
④ 调用"直线命令，绘制水平直线和竖直线，如图9-111（d）所示。
⑤ 调用"镜像"命令，"如图9-111（e）所示。

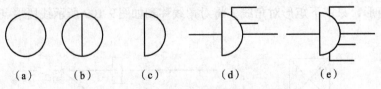

（a）　　（b）　　（c）　　（d）　　（e）

图9-111　电视天线四分配器图形的绘制步骤

（2）连接线路

调用"直线"命令，将各设备连接起来，线路绘制完成后如图9-112所示。

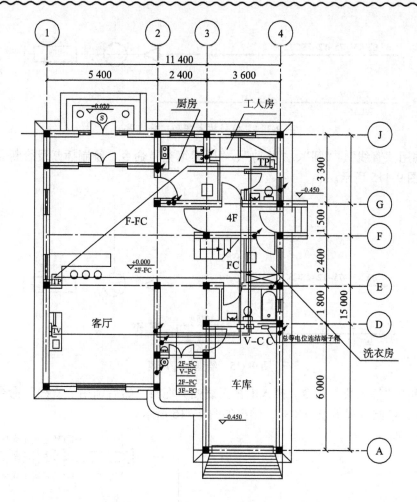

一层弱电平面图

图 9-112 弱电平面图

（3）尺寸及文字标注说明

进行适当的标注说明，使设计者的设计意图表达更为清晰。

3. 绘制有线电视系统图

（1）调用"直线"命令，绘两条直线，线宽为 0.3mm。

（2）调用"单行文字"命令，在直线上添加文字：弱电用 SYKV – 75 – 12 – 2SC32，表示聚乙烯藕状介质射频同轴电缆，绝缘外径是 12mm；强电用 AC220V，WL15，如图 9-113 所示。

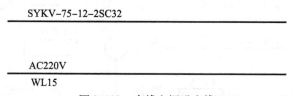

图 9-113 有线电视进户线

（3）调用"多边形"、"圆"、"直线"命令和"矩形"命令，绘制信号放大器、电视二分支器和负载电阻（强电进户线），如图 9-114 所示。

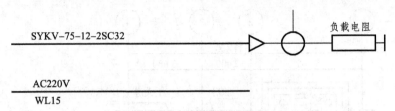

图 9-114　信号放大器和二分支器

（4）调用"直线"、"圆"、"修剪"、"图案填充"命令，绘制插座及熔断器（强电进户线），如图 9-115 所示。

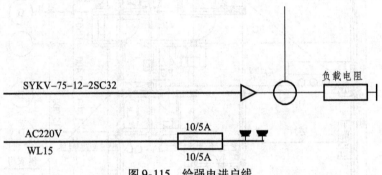

图 9-115　绘强电进户线

（5）调用"插入块"命令，插入电视天线四分配器，然后调用"直线"命令和"单行文字"命令，绘制电视出线口符号，结果如图 9-116 所示。

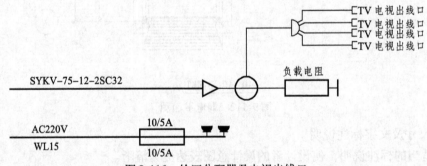

图 9-116　绘四分配器及电视出线口

（6）调用"镜像"命令，镜像另一个电视天线四分配器及电视出线口模块，如图 9-117 所示。

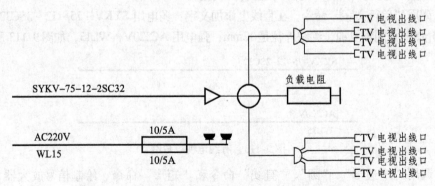

图 9-117　绘制另一个电视天线四分配器及电视出线口

（7）调用"矩形"命令，绘制电视前端箱即虚线框，并调用"单行文字"命令进行标注。如图 9-118 所示。

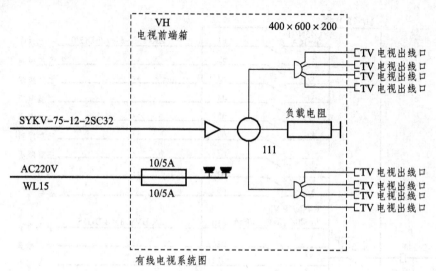

图 9-118 绘四分配器及电视出线口

做一做 1 绘制某建筑物的照明供电系统图和一层照明供电平面图（见图 9-119）。

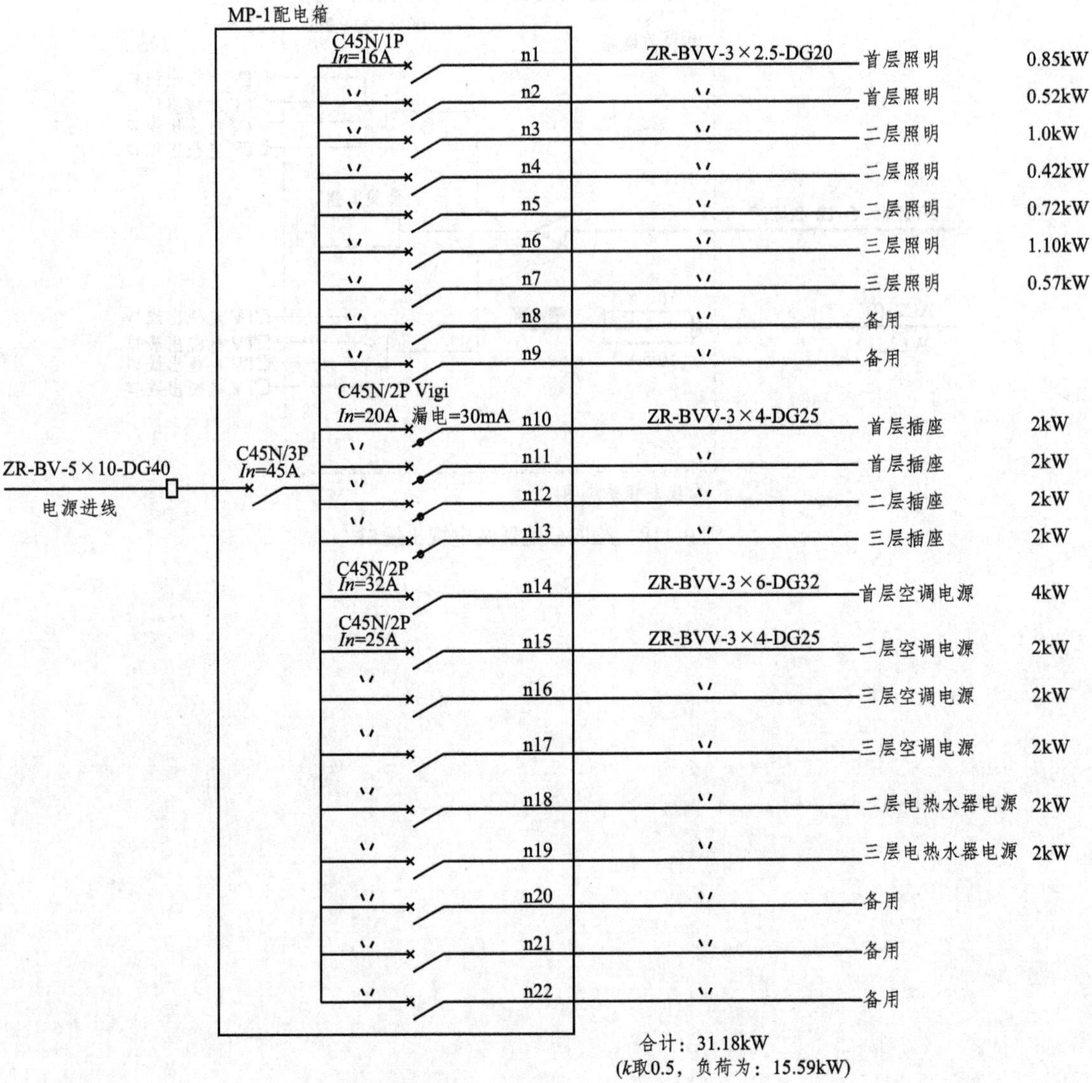

MP-1配电箱				
C45N/1P $In=16A$	n1	ZR-BVV-3×2.5-DG20	首层照明	0.85kW
	n2		首层照明	0.52kW
	n3		二层照明	1.0kW
	n4		二层照明	0.42kW
	n5		二层照明	0.72kW
	n6		三层照明	1.10kW
	n7		三层照明	0.57kW
	n8		备用	
	n9		备用	
C45N/2P Vigi $In=20A$ 漏电=30mA	n10	ZR-BVV-3×4-DG25	首层插座	2kW
	n11		首层插座	2kW
	n12		二层插座	2kW
	n13		三层插座	2kW
C45N/2P $In=32A$	n14	ZR-BVV-3×6-DG32	首层空调电源	4kW
C45N/2P $In=25A$	n15	ZR-BVV-3×4-DG25	二层空调电源	2kW
	n16		三层空调电源	2kW
	n17		三层空调电源	2kW
	n18		二层电热水器电源	2kW
	n19		三层电热水器电源	2kW
	n20		备用	
	n21		备用	
	n22		备用	

ZR-BV-5×10-DG40
电源进线

C45N/3P $In=45A$

合计：31.18kW
（k 取0.5，负荷为：15.59kW）

配电系统图　　1：100

备注：
1. 所有空气开关选用梅兰日兰产品（或同等品牌）
2. 所有导线选用庆丰牌阻燃导线。
3. 本电箱在原电箱的基础上有所调整。

图 9-119（a）照明供电系统图

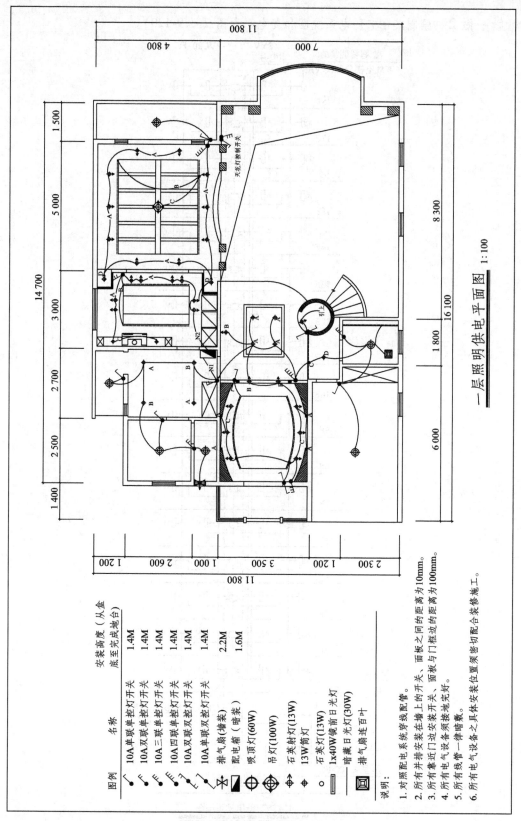

一层照明供电平面图 1:100

图例	名称	安装高度（从盒底至完成地台）
⌐	10A单联单控灯开关	1.4M
⌐	10A双联单控灯开关	1.4M
⌐	10A三联单控灯开关	1.4M
⌐	10A四联单控灯开关	1.4M
⌐	10A五联双控灯开关	1.4M
⌐	10A单联双控灯开关	1.4M
☒	排气扇（墙装）	2.2M
◤	配电箱（暗装）	1.6M
⊕	吸顶灯(60W)	
⊕	吊灯(100W)	
⊕	石英射灯(13W)	
⊕	13W筒灯	
○	石英灯(13W)	
▭	1×40W镜前日光灯	
	暗藏日光灯(30W)	
▣	排气扇连百叶	

说明：

1. 对照配电系统穿线配管。
2. 所有并排安装在墙上的开关、面板之间的距离为10mm。
3. 所有靠近门边安装开关、面板与门框边的距离为100mm。
4. 所有电气设备须接地完好。
5. 所有线管一律暗敷。
6. 所有电气设备之具体安装位置须密切配合装修施工。

图9-119 (b) 照明供电平面图

做一做 2 绘制某住宅弱电系统图和弱电平面图（图 9-120）。

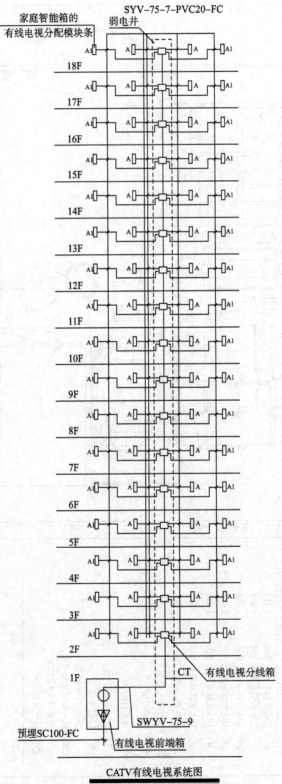

图 9-120（a）弱电系统图

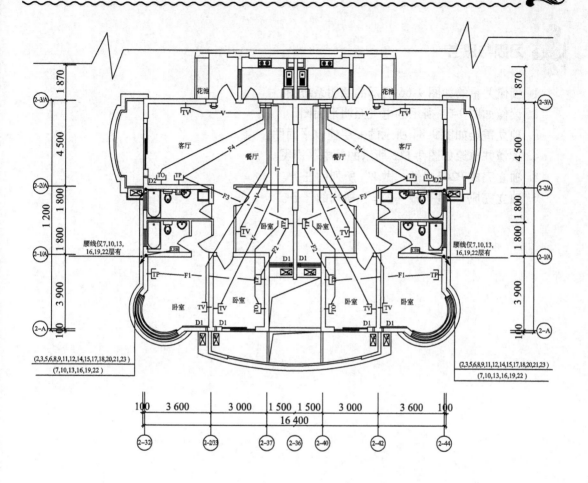

三，五~二十三层弱电平面图：1:100

图 9-120（b）弱电平面图

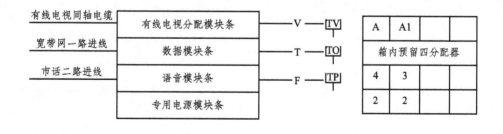

家庭智能箱

图 9-120（c）家庭智能箱

习题与思考

1. 读懂并重绘如图 9-66 所示的照明系统图。
2. 读懂如图 9-71 所示的电气照明平面图。
3. 独立重绘如图 9-84 所示的一层建筑平面图。
4. 读懂并重绘如图 9-112 所示的弱电平面图。
5. 独立完成 P242 "做一做 1" 所列的任务。
6. 独立完成 P244 "做一做 2" 所列的任务。

参 考 文 献

[1] 韩满林. 工程制图（非机械类专业）. 北京：电子工业出版社，2000.

[2] 夏华生，王梓森. 机械制图（第三版）. 北京：高等教育出版社，1999.

[3] 童辛生. 电子工程制图. 西安：西安电子科技大学出版社，2000.

[4] 陈东祥，谢有才，叶时勇. 机械工程制图. 天津：天津大学出版社，2000.

[5] 方沛伦. 工程制图. 北京：机械工业出版社，2000.

[6] 董国耀. 机械制图. 北京：北京理工大学出版社，1998.

[7] 刑邦圣. 机械工程制图. 南京：东南大学出版社，2003.

[8] 王巍，钱可强. 机械工程图学. 北京：机械工业出版社，2000

[9] 刘申立. 机械工程设计图学（上册）. 北京：机械工业出版社，1999.

[10] 王宗荣主编　工程图学. 北京：机械工业出版社，2001

[11] 姜勇. AutoCAD2006 中文版建筑绘图基础教程. 北京：人民邮电出版社，2006.

[12] 解璞等. AutoCAD2007 中文版电气设计教程. 北京：化学工业出版社，2007.

[13] 陈通等. AutoCAD2000 中文版入门与提高. 北京：清华大学出版社，2000

[14] 何利民，尹全英. 电气制图与读图（第二版）. 机械工业出版社，2004.

[15] 张书琴. 电子工程制图. 西安：西安电子科技大学出版社，1998.

读者意见反馈表

书名：电气工程制图　　　　　　　主编：朱文继　　　　　　　策划编辑：李光昊

> 谢谢您关注本书！烦请填写该表。您的意见对我们出版优秀教材、服务教学，十分重要。如果您认为本书有助于您的教学工作，请您认真地填写表格并寄回。**我们将定期给您发送我社相关教材的出版资讯或目录，或者寄送相关样书。**

个人资料

姓名＿＿＿＿＿年龄＿＿＿＿联系电话＿＿＿＿＿＿＿（办）＿＿＿＿＿＿（宅）＿＿＿＿＿＿＿（手机）

学校＿＿＿＿＿＿＿＿＿＿＿＿＿＿＿＿　专业＿＿＿＿＿＿＿　职称/职务＿＿＿＿＿＿＿＿＿＿

通信地址＿＿＿＿＿＿＿＿＿＿＿＿＿＿　邮编＿＿＿＿＿　E-mail＿＿＿＿＿＿＿＿＿＿

您校开设课程的情况为：

本校是否开设相关专业的课程　□是，课程名称为＿＿＿＿＿＿＿＿＿＿＿＿＿＿　□否

您所讲授的课程是＿＿＿＿＿＿＿＿＿＿＿＿＿＿＿＿＿＿＿＿课时＿＿＿＿＿＿＿＿＿＿＿

所用教材＿＿＿＿＿＿＿＿＿＿＿＿＿＿出版单位＿＿＿＿＿＿＿＿＿＿印刷册数＿＿＿＿＿

本书可否作为您校的教材？

□是，会用于＿＿＿＿＿＿＿＿＿＿＿＿＿＿＿课程教学　　　□否

影响您选定教材的因素（可复选）：

□内容　　　　□作者　　　　□封面设计　　□教材页码　　　□价格　　　　□出版社

□是否获奖　　□上级要求　　□广告　　　　□其他＿＿＿＿＿＿＿＿＿＿＿＿＿＿＿＿＿

您对本书质量满意的方面有（可复选）：

□内容　　　　□封面设计　　□价格　　　　□版式设计　　　□其他＿＿＿＿＿＿＿＿＿＿

您希望本书在哪些方面加以改进？

□内容　　　　□篇幅结构　　□封面设计　　□增加配套教材　□价格

可详细填写：＿＿＿＿＿＿＿＿＿＿＿＿＿＿＿＿＿＿＿＿＿＿＿＿＿＿＿＿＿＿＿＿＿＿＿

＿＿＿

您还希望得到哪些专业方向教材的出版信息？

＿＿＿

感谢您的配合，可将本表按以下方式反馈给我们：

【方式一】电子邮件：登录华信教育资源网（http://www.hxedu.com.cn/resource/OS/zixun/zz_reader.rar）下载本表格电子版，填写后发至 ve@phei.com.cn

【方式二】邮局邮寄：北京市万寿路 173 信箱华信大厦 902 室　中等职业教育分社　（邮编：100036）

如果您需要了解更详细的信息或有著作计划，请与我们联系。

电话：010-88254475；88254591

反侵权盗版声明

电子工业出版社依法对本作品享有专有出版权。任何未经权利人书面许可，复制、销售或通过信息网络传播本作品的行为；歪曲、篡改、剽窃本作品的行为，均违反《中华人民共和国著作权法》，其行为人应承担相应的民事责任和行政责任，构成犯罪的，将被依法追究刑事责任。

为了维护市场秩序，保护权利人的合法权益，我社将依法查处和打击侵权盗版的单位和个人。欢迎社会各界人士积极举报侵权盗版行为，本社将奖励举报有功人员，并保证举报人的信息不被泄露。

举报电话：（010）88254396；（010）88258888

传　　真：（010）88254397

E-mail： dbqq@phei.com.cn

通信地址：北京市万寿路 173 信箱

　　　　　电子工业出版社总编办公室

邮　　编：100036